# 施工现场典型违章图例

国网北京市电力公司电力建设工程咨询分公司
北京吉北电力工程咨询有限公司 编

U0286586

中国质量标准出版传媒有限公司
中国标准出版社
北京

**图书在版编目（CIP）数据**

施工现场典型违章图例 / 国网北京市电力公司电力建设工程咨询分公司编．—北京：中国质量标准出版传媒有限公司，2020.11

ISBN 978-7-5026-4795-7

Ⅰ.①施… Ⅱ.①国… Ⅲ.①电力工程—施工现场—违章作业——图集 Ⅳ.① TM7-64

中国版本图书馆 CIP 数据核字（2020）第 132214 号

中国质量标准出版传媒有限公司<br>中　国　标　准　出　版　社 出版发行

北京市朝阳区和平里西街甲 2 号（100029）

北京市西城区三里河北街 16 号（100045）

网址：www.spc.net.cn

总编室：（010）68533533　发行中心：（010）51780238

读者服务部：（010）68523946

中国标准出版社秦皇岛印刷厂印刷

各地新华书店经销

*

开本 880 × 1230　1/16　印张 9　字数 104 千字

2020 年 11 月第一版　　2020 年 11 月第一次印刷

*

定价：65.00 元

**如有印装差错　由本社发行中心调换**

**版权专有　侵权必究**

**举报电话：（010）68510107**

# 前　言

为贯彻执行“安全第一、预防为主、综合治理”的安全工作方针，满足电网建设安全生产需要，加强电网建设施工现场安全管理，落实安全职责，规范人员行为，我单位组织编制了《施工现场典型违章图例》（以下简称《图例》）。本《图例》针对北京地区输变电工程施工过程中存在的安全问题进行了系统梳理，并通过施工实例加以说明，供电力工程管理人员、作业人员参考使用。

本《图例》主要包括临时用电、消防安全、临边孔洞防护、脚手架、施工机械、线路工程及高处作业、有限空间作业和防汛8个方面。

本《图例》适用于国家电网公司35kV及以上电压等级的新建、扩建、改建工程，配网工程可参照执行。

# 编制说明

为加强建设工程施工现场安全生产管理工作，提高施工现场安全生产标准化管理水平，促进安全生产管理制度化、规范化，结合工程项目实际情况，我单位组织编制了《施工现场典型违章图例》。

本《图例》共分为8章，主要包括临时用电、消防安全、临边孔洞防护、脚手架、施工机械、线路工程及高处作业、有限空间作业和防汛等专业的常见安全问题，其中临时用电13项、消防安全17项、临边孔洞防护13项、脚手架11项、施工机械15项、线路工程及高处作业27项、有限空间作业11项、防汛4项。

本《图例》通过图文并茂的形式进行展示，突出了国家、行业和企业标准要求，可以有效规避输变电工程常见安全问题的发生。

编者

2020年9月

# 编制依据

1. GB 6722—2014 爆破安全规程

2. GB 19155—2017 高处作业吊篮

3. GB 50194—2014 建设工程施工现场供用电安全规范

4. GB 50720—2011 建设工程施工现场消防安全技术规范

5. DL 5027—2015 电力设备典型消防规程

6. DB11/852.1—2012 地下有限空间作业安全技术规范　第 1 部分：通则

7. Q/GDW 1274—2015 变电工程落地式钢管脚手架施工安全技术规范

8. JGJ 46—2005 施工现场临时用电安全技术规范

9. JGJ 80—2016 建筑施工高处作业安全技术规范

10. JGJ 130—2011 建筑施工扣件式钢管脚手架安全技术规范

11.《住房和城乡建设部办公厅关于进一步加强施工工地和道路扬尘管控工作的通知》（建办质〔2019〕23 号）

12.《北京市建设工程施工现场安全生产标准化管理图集（2019 版）》

13.《国家电网公司电力安全工作规程（电网建设部分）（试行）》

14.《国家电网公司电力安全工作规程（变电部分）》

15.《国家电网有限公司输变电工程安全文明施工标准化管理办法》

# 编委会


**主　　　任：**魏宽民　韩晓鹏

**副　主　任：**张洁民　杨　卫　杨宝杰　张秋立　侯小健　周云浩　孟　超

**主要审核人员：**李振广　隗永燕　王长寿　李　豪　李海峰　周　鑫　陈俊波

**主要编制人员**（排名不分先后）：

邢　钊　甄小冰　邓　争　柴晓龙　朱思坦　杨　林　杨建国

周福祥　庞明远　霍李华　王宝清　王　静　陈　庚　陈培东

李凯旋　付铁栋　杨玉龙　孙旭升　马丛淦　裴　浩　戴寒光

彭　晖　郭达奇　赵　远　刘路川　孙　振

# 目录

# 第一章

# 临时用电

| 序号 | 标准内容及图例 | 典型违章图例 | |
|---|---|---|---|
| 1 |  《国家电网公司电力安全工作规程（电网建设部分）（试行）》3.5.4.4 规定：配电箱设置地点应平整，并应防止碰撞和被物体打击。配电箱内及附近不得堆放杂物 |  配电箱围栏门破损 |  配电箱未设置围栏 |
| | |  配电箱通道被阻塞 |  配电箱围栏倾倒 |

| 序号 | 标准内容及图例 | 典型违章图例 | |
|---|---|---|---|
| 2 | <br>《国家电网公司电力安全工作规程（电网建设部分）（试行）》3.5.4.5 规定：箱内的配线应采取相色配线且绝缘良好，导线进出配电柜或配电箱的线段应采取固定措施，导线端头制作规范，连接应牢固 | 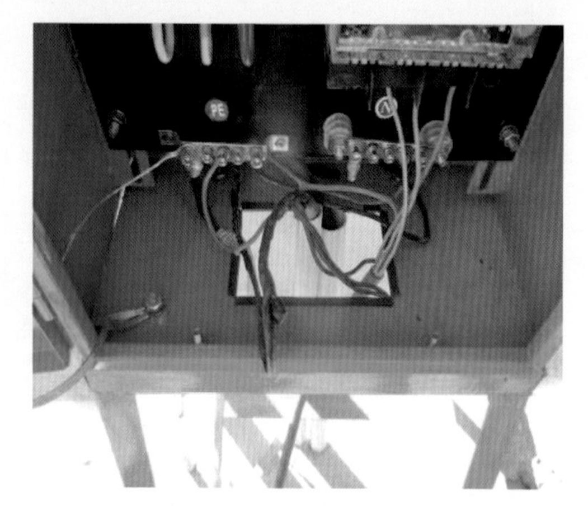<br>导线存在接头，未采用黄绿相间套皮地线 | 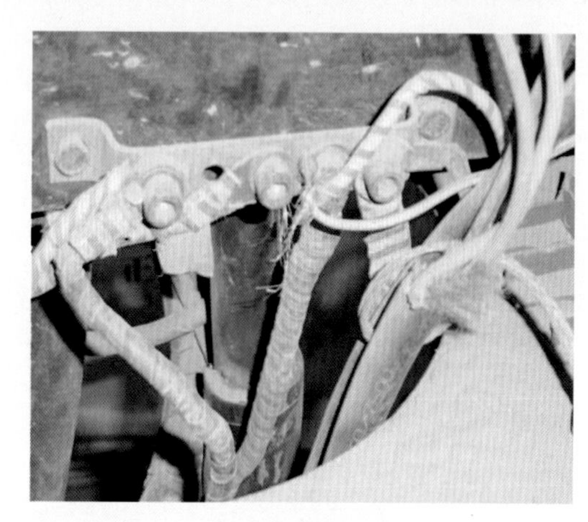<br>电源线局部裸露 |
| | | <br>配电箱接线未从后侧穿入 | <br>配电箱进线口缺少防护罩 |

<table>
<tr><th>序号</th><th>标准内容及图例</th><th colspan="2">典型违章图例</th></tr>
<tr><td rowspan="2">3</td><td rowspan="2"> 《国家电网公司电力安全工作规程（电网建设部分）（试行）》3.5.4.6 规定：支架上装设的配电箱，应安装牢固并便于操作和维修</td><td> 配电箱位置不便于使用和检修</td><td> 配电箱设置地点杂物较多</td></tr>
<tr><td> 配电箱倾倒，且摆放在钢筋上</td><td> 配电箱附近堆放施工材料</td></tr>
</table>

<table>
<tr><th>序号</th><th>标准内容及图例</th><th colspan="2">典型违章图例</th></tr>
<tr><td rowspan="2">4</td><td rowspan="2"> 《国家电网公司电力安全工作规程（电网建设部分）（试行）》3.5.4.8 规定：电缆线路应采用埋地或架空敷设，禁止沿地面明设，并应避免机械损伤和介质腐蚀</td><td> 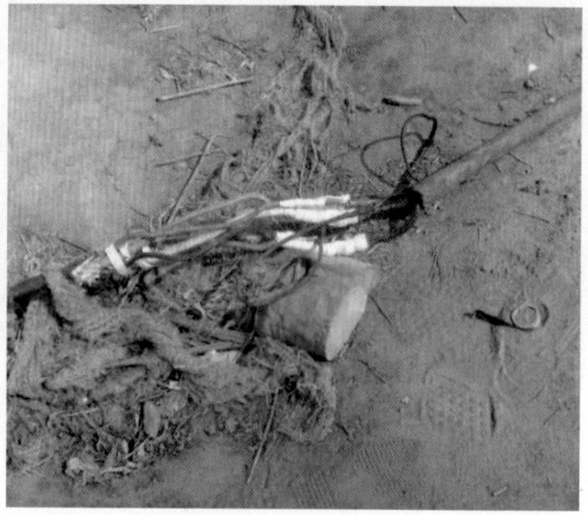电源线存在接头现象</td><td> 电源线敷设保护措施不到位</td></tr>
<tr><td> 电源线绝缘破损</td><td> 电源线敷设未采取保护措施</td></tr>
</table>

<table>
<tr><th>序号</th><th>标准内容及图例</th><th colspan="2">典型违章图例</th></tr>
<tr><td rowspan="2">5</td><td rowspan="2"> 《国家电网公司电力安全工作规程（电网建设部分）（试行）》3.5.4.12 规定：用电线路及电气设备的绝缘应良好，布线应整齐，设备的裸露带电部分应加防护措施</td><td> 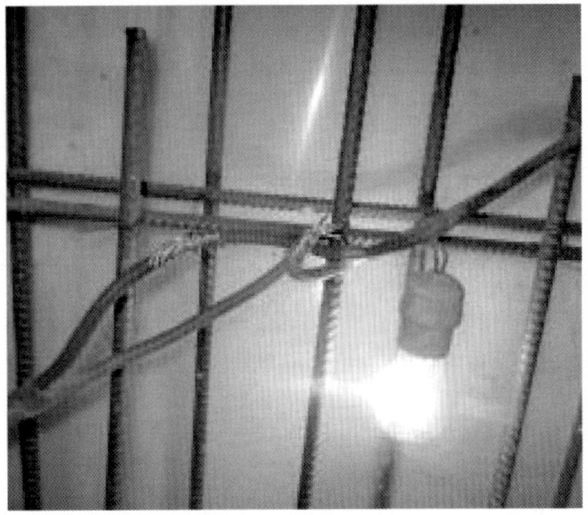照明线存在接头现象</td><td> 照明线存在接头现象</td></tr>
<tr><td> 照明线存在接头现象</td><td> 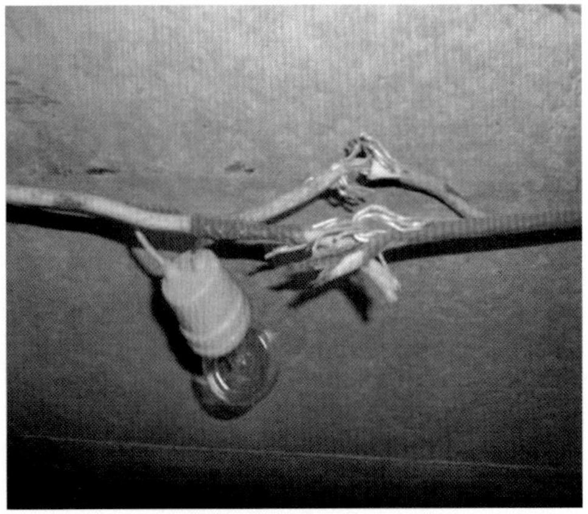照明线损坏未更换</td></tr>
</table>

<table>
<tr><th>序号</th><th>标准内容及图例</th><th colspan="2">典型违章图例</th></tr>
<tr><td rowspan="2">6</td><td rowspan="2"> 《国家电网公司电力安全工作规程（电网建设部分）（试行）》3.5.4.20 规定：电动机械或电动工具接线应做到“一机一闸一保护”</td><td> 一闸多机</td><td> 一闸多机</td></tr>
<tr><td> 一闸多机，缺少灭弧保护罩</td><td> 一闸多机</td></tr>
</table>

<table>
<tr><th>序号</th><th>标准内容及图例</th><th colspan="2">典型违章图例</th></tr>
<tr><td rowspan="2">7</td><td rowspan="2"> 《国家电网公司电力安全工作规程（电网建设部分）（试行）》3.5.5.6 规定：配电装置的金属构架、带电设备周围的金属围栏均应装设接地，人工接地体不得采用螺纹钢</td><td> 配电箱接地线与接地钎子未连接</td><td> 配电箱接地钎子埋深深度不足</td></tr>
<tr><td> 接地钎子使用螺纹钢</td><td> 配电箱未接地</td></tr>
</table>

| 序号 | 标准内容及图例 | 典型违章图例 | |
|---|---|---|---|
| 8 |  《国家电网公司电力安全工作规程（电网建设部分）（试行）》3.5.6.3 规定：现场的总配电箱、分配电箱应配锁具 |  配电箱箱门脱落，无法关闭 |  配电箱门锁缺失 |
| | | 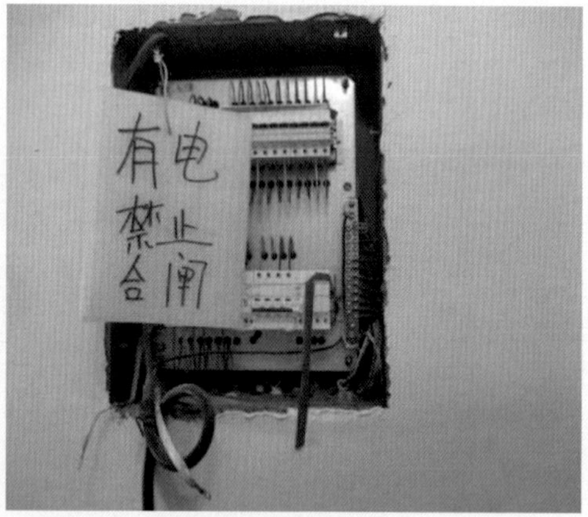 电源箱未安装箱门 |  配电箱箱门未关闭 |

| 序号 | 标准内容及图例 | 典型违章图例 | |
|---|---|---|---|
| 9 | 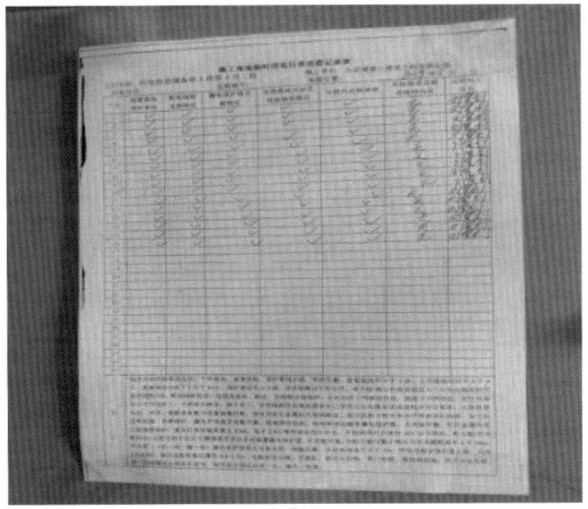 《国家电网公司电力安全工作规程（电网建设部分）（试行）》3.5.6.5 规定：施工用电设施应定期检查并记录 |  巡检记录未填写 | 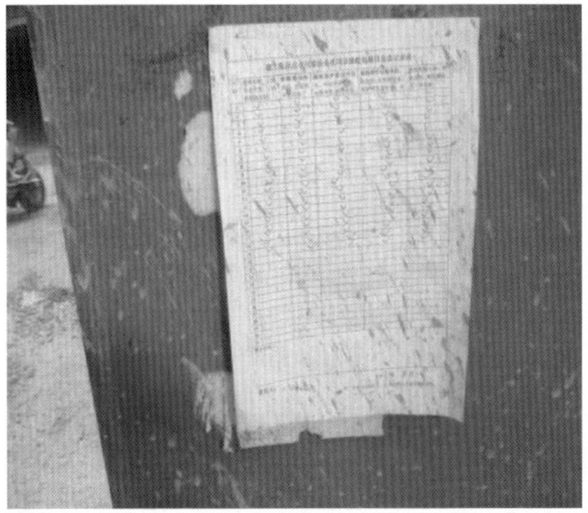 巡检记录污浊不清 |
| | | 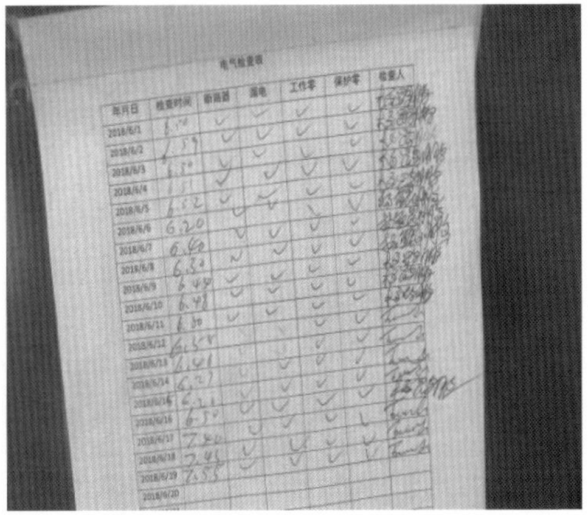 巡检记录检查人签字难以辨认 |  配电箱内缺少巡检记录 |

| 序号 | 标准内容及图例 | 典型违章图例 | |
|---|---|---|---|
| 10 | 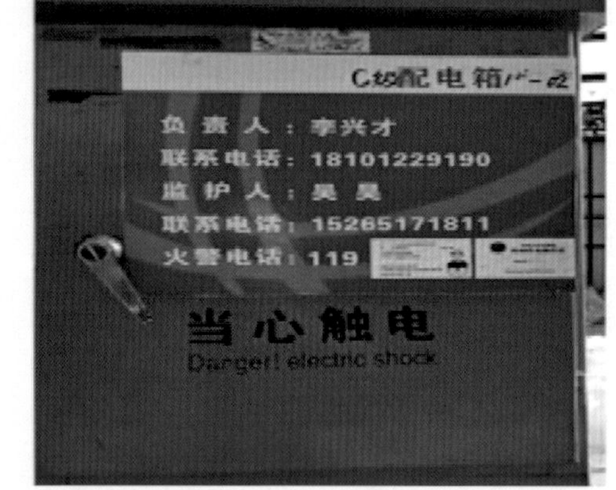<br><br>《国家电网公司电力安全工作规程（电网建设部分）（试行）》3.5.6.6 规定：施工现场用电设备等应有专人进行维护和管理 |  配电箱外缺少电工信息 | <br>配电箱外缺少电工信息 |
| | | <br>配电箱外电工信息无法辨识 | <br><br>配电箱相关信息未填写 |

<table>
<tr><th>序号</th><th>标准内容及图例</th><th colspan="2">典型违章图例</th></tr>
<tr><td rowspan="2">11</td><td rowspan="2"> 《国家电网公司电力安全工作规程（电网建设部分）（试行）》3.5.6.9 规定：当分配电箱直接供电给末级配电箱时，可采用分配电箱设置插座方式供电，并应采用工业用插座，且每个插座应有各自独立的保护电器</td><td> 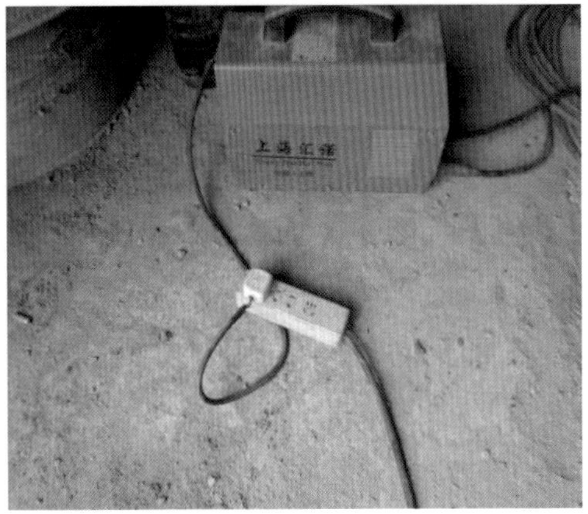现场使用民用插座</td><td> 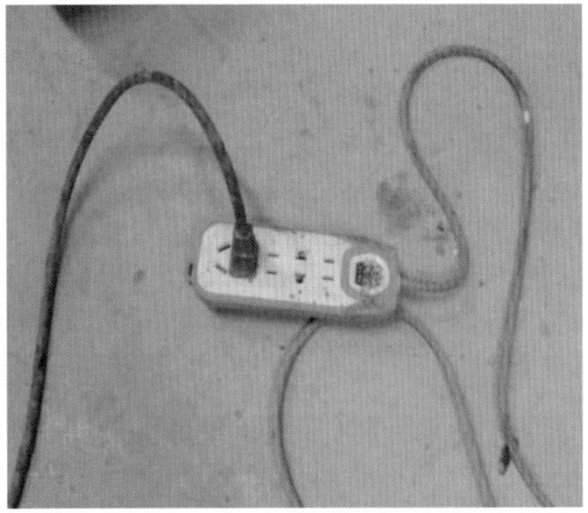现场使用民用插座</td></tr>
<tr><td> 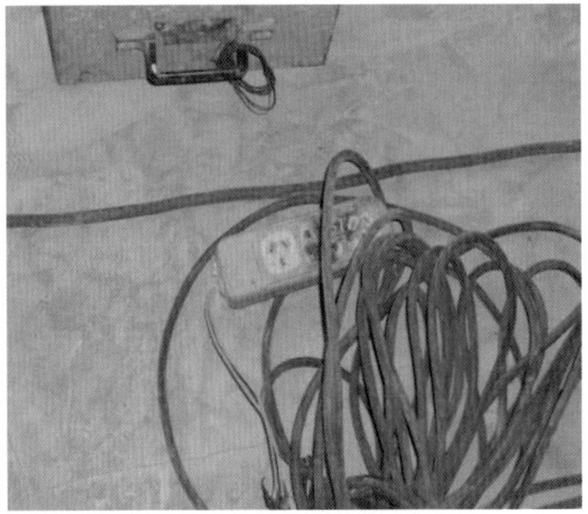现场使用民用插座</td><td> 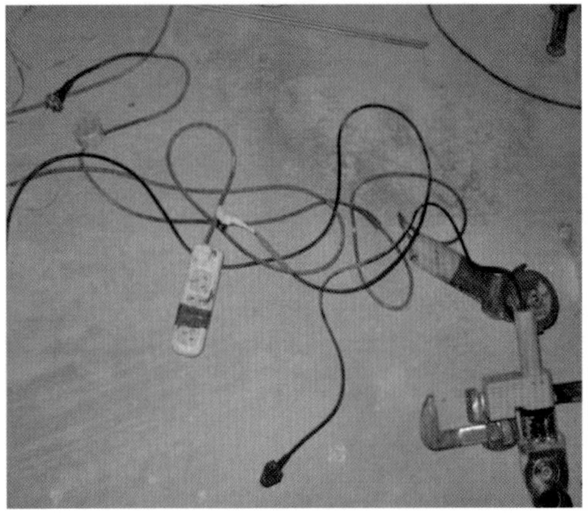现场使用民用插座</td></tr>
</table>

<table>
<tr><th>序号</th><th>标准内容及图例</th><th colspan="2">典型违章图例</th></tr>
<tr><td rowspan="2">12</td><td rowspan="2"> GB 50194—2014《建设工程施工现场供用电安全规范》6.3.18 规定：配电箱应有名称、编号、系统图及分路标记</td><td> 配电箱内缺少系统图</td><td> 配电箱内缺少系统图</td></tr>
<tr><td> 配电箱内缺少系统图</td><td> 配电箱内缺少系统图</td></tr>
</table>

| 序号 | 标准内容及图例 | 典型违章图例 | |
|---|---|---|---|
| 13 |  JGJ 46—2005《施工现场临时用电安全技术规范》8.1.13 规定：配电箱、开关箱的金属箱门与箱体间必须通过采用编织软铜线做电气连接 |  箱门与箱体跨接地线断开 |  箱门与箱体跨接地线断开 |
| | | 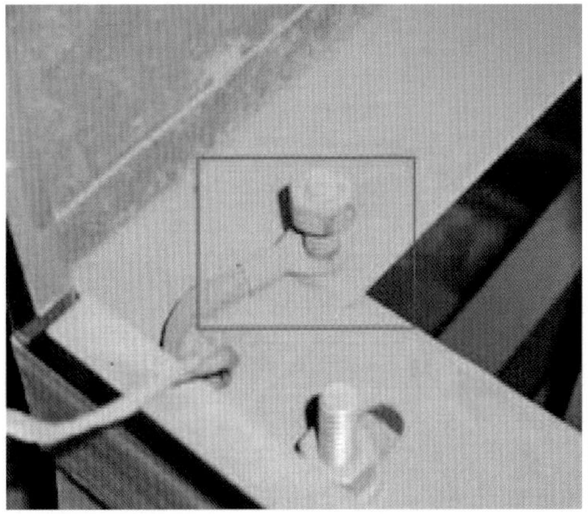 箱门与箱体接地线螺栓松动 | 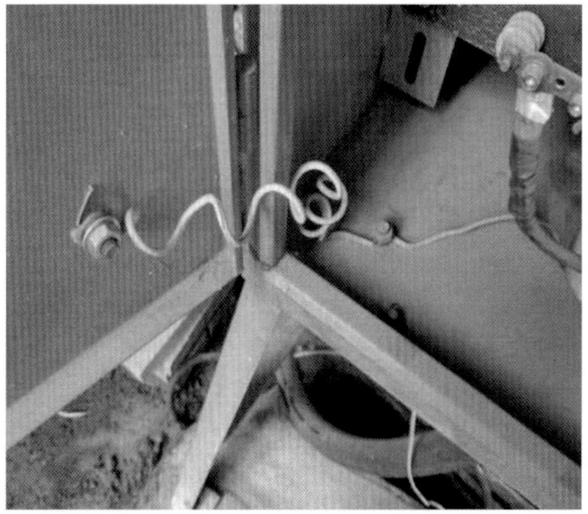 箱门与箱体未使用多股软铜线连接 |

# 第二章

# 消防安全

<table>
<tr><th>序号</th><th>标准内容及图例</th><th colspan="2">典型违章图例</th></tr>
<tr><td rowspan="2">1</td><td rowspan="2"> 《国家电网公司电力安全工作规程（电网建设部分）（试行）》3.4.1 规定：材料、设备应按施工总平面布置规定的地点进行定置化管理，并符合消防及搬运的要求</td><td> 木料区缺少灭火器</td><td> 木料区缺少灭火器</td></tr>
<tr><td> 木料区缺少灭火器</td><td> 木料区缺少灭火器</td></tr>
</table>

| 序号 | 标准内容及图例 | 典型违章图例 | |
|---|---|---|---|
| 2 |  《国家电网公司电力安全工作规程（电网建设部分）（试行）》3.4.5 规定：易燃、易爆及有毒有害物品等应分别存放在与普通仓库隔离的危险品仓库内，危险品仓库的库门应向外开，按有关规定严格管理 |  油桶未入库存放 |  危险品库房缺少标识牌 |
| | |  危险品库房门不符合要求 |  氧气瓶、乙炔气瓶混放，且无防倾倒措施 |

<table>
<tr><th>序号</th><th>标准内容及图例</th><th colspan="2">典型违章图例</th></tr>
<tr><td rowspan="2">3</td><td rowspan="2"> 《国家电网公司电力安全工作规程（电网建设部分）（试行）》3.6.1.1 规定：施工现场、仓库及重要机械设备、配电箱旁，生活和办公区等应配置相应的消防器材</td><td> 消防器材不满足“五五”配置</td><td> 消防器材架上无消防器材</td></tr>
<tr><td> 消防器材不满足“五五”配置</td><td> 消防器材不满足“五五”配置</td></tr>
</table>

<table>
<tr><th>序号</th><th>标准内容及图例</th><th colspan="2">典型违章图例</th></tr>
<tr><td rowspan="2">4</td><td rowspan="2">  《国家电网公司电力安全工作规程（电网建设部分）（试行）》3.6.1.3 规定：消防设施应定期进行检查、试验，确保有效</td><td> 灭火器无维修日期</td><td> 灭火器喷管损坏</td></tr>
<tr><td> 消防器材损坏</td><td> 灭火器压力不足</td></tr>
</table>

<table>
<tr><th>序号</th><th>标准内容及图例</th><th colspan="2">典型违章图例</th></tr>
<tr><td rowspan="2">5</td><td rowspan="2"><br>《国家电网公司电力安全工作规程（电网建设部分）（试行）》3.6.1.3 规定：消防砂桶（箱、袋）、斧、锹、钩子等消防器材应放置在明显、易取处，不得任意移动或遮盖，禁止挪作他用</td><td><br>消防通道被阻塞</td><td><br>消防通道被阻塞</td></tr>
<tr><td><br>消防器材挪作他用</td><td><br>消防通道被阻塞</td></tr>
</table>

| 序号 | 标准内容及图例 | 典型违章图例 | |
|---|---|---|---|
| 6 | 《国家电网公司电力安全工作规程（电网建设部分）（试行）》3.6.1.4 规定：作业现场禁止吸烟 | 现场存在吸烟现象 | 现场存在吸烟现象 |
| | | 现场存在吸烟现象 | 现场存在吸烟现象 |

<table>
<tr><th>序号</th><th>标准内容及图例</th><th colspan="2">典型违章图例</th></tr>
<tr><td rowspan="2">7</td><td rowspan="2"><br><br>《国家电网公司电力安全工作规程（电网建设部分）（试行）》4.6.4.1.14 规定：使用中的氧气瓶与乙炔气瓶应垂直放置并固定起来，氧气瓶与乙炔气瓶的距离不得小于 5m</td><td><br>氧气瓶未采取防倾倒措施</td><td><br>氧气瓶未采取防倾倒措施</td></tr>
<tr><td><br>氧气瓶、乙炔气瓶未采取防倾倒措施</td><td><br>氧气瓶未采取防倾倒措施</td></tr>
</table>

| 序号 | 标准内容及图例 | 典型违章图例 | |
|---|---|---|---|
| 8 |  《国家电网公司电力安全工作规程（电网建设部分）（试行）》4.6.4.1.19 规定：施工现场的乙炔气瓶应安装防回火装置 |  乙炔气瓶未安装回火阀 |  乙炔气瓶未安装回火阀 |
| | |  乙炔气瓶未安装回火阀 | 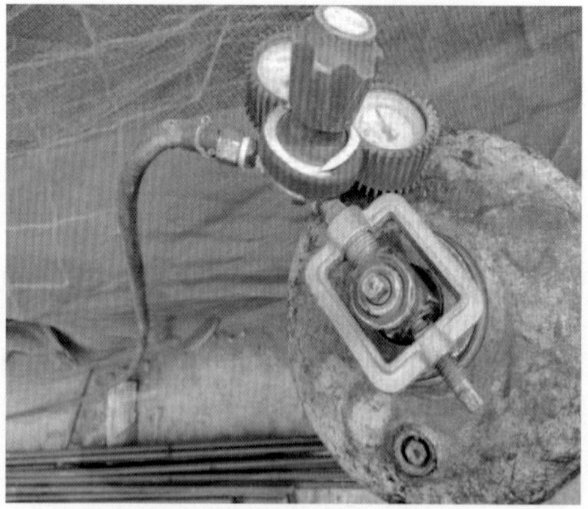 乙炔气瓶未安装回火阀 |

<table>
<tr><th>序号</th><th>标准内容及图例</th><th colspan="2">典型违章图例</th></tr>
<tr><td rowspan="2">9</td><td rowspan="2"> 《国家电网公司电力安全工作规程（电网建设部分）（试行）》4.7.6 规定：动火作业应有专人监护</td><td> 焊接作业缺少监护人</td><td> 焊接作业缺少监护人</td></tr>
<tr><td> 切割作业缺少监护人</td><td> 焊接作业缺少防护用品及监护人</td></tr>
</table>

<table>
<tr><th>序号</th><th>标准内容及图例</th><th colspan="2">典型违章图例</th></tr>
<tr><td rowspan="2">10</td><td rowspan="2"> 《国家电网公司电力安全工作规程（电网建设部分）（试行）》4.7.6 规定：动火作业前应清除动火现场及周围的易燃物品，或采取其他有效的防火安全措施，配备足够适用的消防器材</td><td> 焊接作业缺少灭火器</td><td> 焊接作业缺少灭火器</td></tr>
<tr><td> 焊接作业缺少灭火器</td><td> 焊接作业缺少灭火器</td></tr>
</table>

<table>
<tr><th>序号</th><th>标准内容及图例</th><th colspan="2">典型违章图例</th></tr>
<tr><td rowspan="2">11</td><td rowspan="2"><br>《国家电网有限公司输变电工程安全文明施工标准化管理办法》第三章第十二条规定：变电工程油罐存放区应采用钢管扣件组装式安全围栏或门形组装式安全围栏进行隔离，并设置“禁止烟火”类安全警告标牌</td><td><br>油罐围挡不严密</td><td><br>油罐未采取隔离防护措施</td></tr>
<tr><td><br>油罐未采取隔离防护措施</td><td><br>油罐附近堆放施工材料</td></tr>
</table>

<table>
<tr><th>序号</th><th>标准内容及图例</th><th colspan="2">典型违章图例</th></tr>
<tr><td rowspan="2">12</td><td rowspan="2"> 《国家电网有限公司输变电工程安全文明施工标准化管理办法》第三章第十四条规定：总配电箱和分配电箱附近配备消防器材</td><td> 配电箱附近未配备灭火器</td><td> 配电箱附近未配备灭火器</td></tr>
<tr><td> 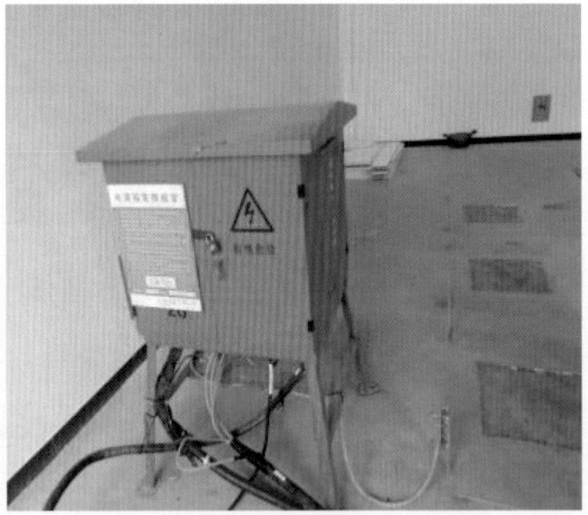配电箱附近未配备灭火器</td><td> 配电箱附近未配备灭火器</td></tr>
</table>

| 序号 | 标准内容及图例 | 典型违章图例 | |
|---|---|---|---|
| 13 |  《国家电网有限公司输变电工程安全文明施工标准化管理办法》第三章第十七条规定：消防器材应使用标准的架、箱，应有防雨、防晒、防倾倒措施，每月检查并记录检查结果，定期检验，保证处于合格状态 |  灭火器箱变形损坏 |  灭火器箱变形损坏 |
| | |  消防器材架变形损坏 |  消防器材架变形损坏 |

| 序号 | 标准内容及图例 | 典型违章图例 | |
|---|---|---|---|
| 14 | <br><br>GB 50720—2011《建设工程施工现场消防安全技术规范》6.1.3 规定：施工单位应根据建设项目规模、现场消防安全管理的重点，在施工现场建立消防安全管理组织机构及义务消防组织，并应确定消防安全负责人和消防安全管理人，同时应落实相关人员的消防安全管理责任 | <br><br>未填写消防责任人信息 | <br><br>未标明消防责任人 |
| | | <br><br>未填写消防责任人信息 | <br><br>未标明消防责任人 |

<table>
<tr><th>序号</th><th>标准内容及图例</th><th colspan="2">典型违章图例</th></tr>
<tr><td rowspan="2">15</td><td rowspan="2"> GB 50720—2011《建设工程施工现场消防安全技术规范》6.2.4 规定：施工产生的可燃、易燃建筑垃圾或余料，应及时清理</td><td> 现场杂物未清理</td><td> 现场废弃木料未清理</td></tr>
<tr><td> 现场废弃木料未清理</td><td> 木料未及时清理</td></tr>
</table>

| 序号 | 标准内容及图例 | 典型违章图例 | |
|---|---|---|---|
| 16 |  DL 5027—2015《电力设备典型消防规程》14.2.6 规定：手提式灭火器宜设置在灭火器箱内或挂钩、托架上，其顶部离地面高度不应大于 1.5m，底部离地面高度不宜小于 0.08m |  灭火器底部缺少防护措施 |  灭火器底部缺少防护措施 |
| | |  灭火器底部缺少防护措施 |  灭火器底部缺少防护措施 |

<table>
<tr><th>序号</th><th>标准内容及图例</th><th colspan="2">典型违章图例</th></tr>
<tr><td rowspan="2">17</td><td rowspan="2"> DL 5027—2015《电力设备典型消防规程》14.3.5 规定：消防砂箱容积为 $1.0m^3$，并配置消防铲，每处 3 把～5 把，消防砂桶应装满干燥黄砂</td><td> 砂箱内无消防用砂</td><td> 砂箱内黄砂较少</td></tr>
<tr><td> 砂箱附近未配备消防铲，且被木料阻塞</td><td> 用木箱代替消防砂箱</td></tr>
</table>

# 第三章

# 临边孔洞防护

<table>
<tr><th>序号</th><th>标准内容及图例</th><th colspan="2">典型违章图例</th></tr>
<tr><td rowspan="2">1</td><td rowspan="2"> 《国家电网公司电力安全工作规程（电网建设部分）（试行）》3.4.2 规定：材料、设备放置在围栏或建筑物的墙壁附近时，应留有 0.5m 以上的间距</td><td> 施工材料与围栏边缘间距不足</td><td> 施工材料与围栏边缘间距不足</td></tr>
<tr><td> 施工材料与围栏边缘间距不足</td><td> 施工材料与围栏边缘间距不足</td></tr>
</table>

<table>
<tr><th>序号</th><th>标准内容及图例</th><th colspan="2">典型违章图例</th></tr>
<tr><td rowspan="2">2</td><td rowspan="2"> 《国家电网公司电力安全工作规程（电网建设部分）（试行）》6.1.1.4 规定：挖掘施工区域应设围栏及安全标志牌，围栏离坑边不得小于 0.8m</td><td> 围栏距基坑边缘不足 800mm</td><td> 围栏距基坑边缘不足 800mm</td></tr>
<tr><td> 围栏距基坑边缘不足 800mm</td><td> 围栏距基坑边缘不足 800mm</td></tr>
</table>

<table>
<tr><th>序号</th><th>标准内容及图例</th><th colspan="2">典型违章图例</th></tr>
<tr><td rowspan="2">3</td><td rowspan="2"> 《国家电网公司电力安全工作规程（电网建设部分）（试行）》6.1.1.4 规定：挖掘施工区域应设围栏及安全标志牌，夜间应挂警示灯</td><td> 夜间基坑临边未设置围挡</td><td> 夜间施工警示灯未开</td></tr>
<tr><td> 围挡设置不严密</td><td> 夜间施工无警示灯</td></tr>
</table>

| 序号 | 标准内容及图例 | 典型违章图例 | |
|---|---|---|---|
| 4 |  《国家电网公司电力安全工作规程（电网建设部分）（试行）》6.1.1.6 规定：基坑应有可靠的扶梯或坡道，作业人员不得攀登挡土板支撑上下，不得在基坑内休息 |  基坑上下通道不平整 |  使用爬梯代替上下通道 |
| | |  基坑使用活动爬梯代替上下通道 |  基坑未设置上下通道 |

<table>
<tr><th>序号</th><th>标准内容及图例</th><th colspan="2">典型违章图例</th></tr>
<tr><td rowspan="2">5</td><td rowspan="2"> 《国家电网公司电力安全工作规程（电网建设部分）（试行）》6.1.1.7 规定：堆土应距坑边 1m 以外，高度不得超过 1.5m</td><td> 堆土距坑边过近</td><td> 堆土距坑边过近</td></tr>
<tr><td> 堆土距坑边过近</td><td> 堆土距坑边过近</td></tr>
</table>

| 序号 | 标准内容及图例 | 典型违章图例 | |
|---|---|---|---|
| 6 |  《国家电网有限公司输变电工程安全文明施工标准化管理办法》第三章第十二条规定：高处作业面等有人员坠落危险的区域，安全围栏安装应稳定可靠，具有一定的抗冲击强度，并设置“当心坑洞”类安全警告标牌 | <br>围栏搭设不牢固 | <br>现场未设置硬质围栏 |
| | | <br>高处临边缺少防护措施 | 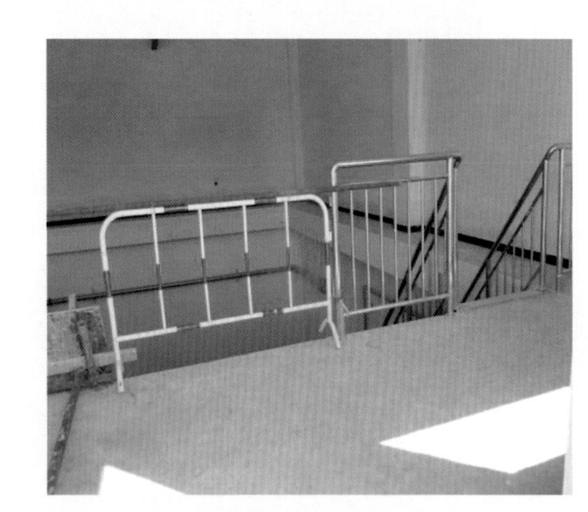<br>围栏设置不严密 |

| 序号 | 标准内容及图例 | 典型违章图例 | |
|---|---|---|---|
| 7 | 《国家电网有限公司输变电工程安全文明施工标准化管理办法》第三章第十二条规定：安全围栏安装应稳定可靠，具有一定的抗冲击强度 | <br>基坑围栏倒塌未修复 | <br>基坑周边未设置围挡 |
| | | <br>围栏搭设不符合要求 | <br>基坑围栏损坏 |

<table>
<tr><th>序号</th><th>标准内容及图例</th><th colspan="2">典型违章图例</th></tr>
<tr><td rowspan="2">8</td><td rowspan="2"> 《国家电网有限公司输变电工程安全文明施工标准化管理办法》附件 2 第一章第二节第一条规定：孔洞及沟道临时盖板使用 4mm ~ 5mm 厚花纹钢板，并涂以黑黄相间的警告标志和禁止挪用标识</td><td> 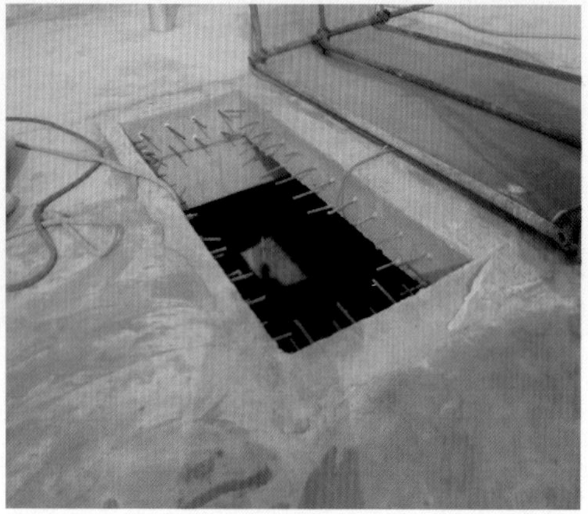孔洞未覆盖 </td><td>孔洞覆盖材料不符合要求</td></tr>
<tr><td> 孔洞覆盖材料不符合要求 </td><td>孔洞覆盖不严密</td></tr>
</table>

| 序号 | 标准内容及图例 | 典型违章图例 | |
|---|---|---|---|
| 9 |  《国家电网有限公司输变电工程安全文明施工标准化管理办法》附件2第一章第一节第五条规定：临时全封闭安全隔离围挡应使用蓝色瓦楞铁皮铆固，并在围挡外侧的明显部位悬挂相应的安全标志 |  围挡变形损坏，未及时修复 |  部分基坑未搭设围挡 |
| | |  围挡不牢固，存在倾倒现象 |  围挡设置高度不足 |

| 序号 | 标准内容及图例 | 典型违章图例 | |
|---|---|---|---|
| 10 |  JGJ 80—2016《建筑施工高处作业安全技术规范》4.3.1 规定：临边作业的防护栏杆应由横杆、立杆及挡脚板组成，挡脚板高度不应小于 180mm | 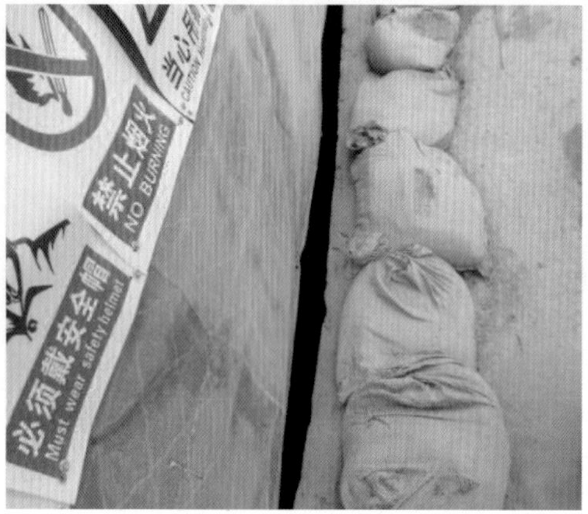 基坑边缘未设置挡脚板 |  竖井操作平台未设置挡脚板 |
| | |  竖井操作平台未设置挡脚板 |  电葫芦检修平台未设置挡脚板 |

| 序号 | 标准内容及图例 | 典型违章图例 | |
|---|---|---|---|
| 11 |  JGJ 80—2016《建筑施工高处作业安全技术规范》4.3.5 规定：防护栏杆应张挂密目式安全立网或其他材料封闭 |  围栏缺少密目网 |  密目网破损 |
| | |  围栏搭设不规范，密目网未挂满 |  围栏缺少密目网 |

<table>
<tr><th>序号</th><th>标准内容及图例</th><th colspan="2">典型违章图例</th></tr>
<tr><td rowspan="2">12</td><td rowspan="2"> 《北京市建设工程施工现场安全生产标准化管理图集（2019 版）》第六章第三条规定：施工现场楼梯口和梯段边，应搭设高度不低于 1.2m 的硬防护栏杆</td><td> 楼梯缺少临边防护措施</td><td> 楼梯缺少临边防护措施</td></tr>
<tr><td> 楼梯缺少临边防护措施</td><td> 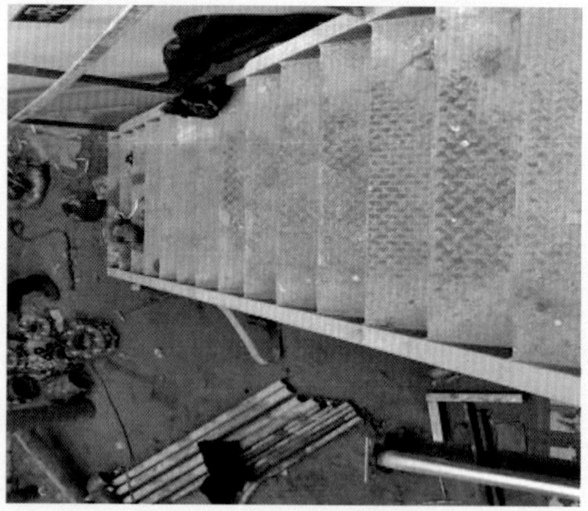楼梯缺少临边防护措施</td></tr>
</table>

<table>
<tr><th>序号</th><th>标准内容及图例</th><th colspan="2">典型违章图例</th></tr>
<tr><td rowspan="2">13</td><td rowspan="2"> 北京市电力公司建议：竖井上下应设置钢梯道，梯道临边侧必须设置栏杆，严禁使用钢筋制作踏步</td><td> 竖井爬梯缺少安全护栏，搭设不稳固</td><td> 通道转弯处有障碍物阻挡</td></tr>
<tr><td> 竖井通道台阶使用钢筋代替</td><td> 竖井通道台阶未清理</td></tr>
</table>

# 第四章

# 脚手架

<table>
<tr><th>序号</th><th>标准内容及图例</th><th colspan="2">典型违章图例</th></tr>
<tr><td rowspan="2">1</td><td rowspan="2"> 《国家电网公司电力安全工作规程（电网建设部分）（试行）》6.3.2.6 规定：脚手架立杆应设置金属底座或木质垫板，木质垫板厚度不小于 50mm、宽度不小于 200mm，且长度不少于 2 跨</td><td> 脚手架垫板不符合要求</td><td> 脚手架垫板未在中间位置</td></tr>
<tr><td> 脚手架垫板不符合要求</td><td> 脚手架未设置垫板</td></tr>
</table>

<table>
<tr><th>序号</th><th>标准内容及图例</th><th colspan="2">典型违章图例</th></tr>
<tr><td rowspan="2">2</td><td rowspan="2"> 《国家电网公司电力安全工作规程（电网建设部分）（试行）》6.3.3.6 规定：脚手架对接时，两根相邻纵向水平杆的接头不宜设置在同步或同跨内，不同步不同跨两相邻接头在水平方向错开的距离不应小于500mm</td><td> 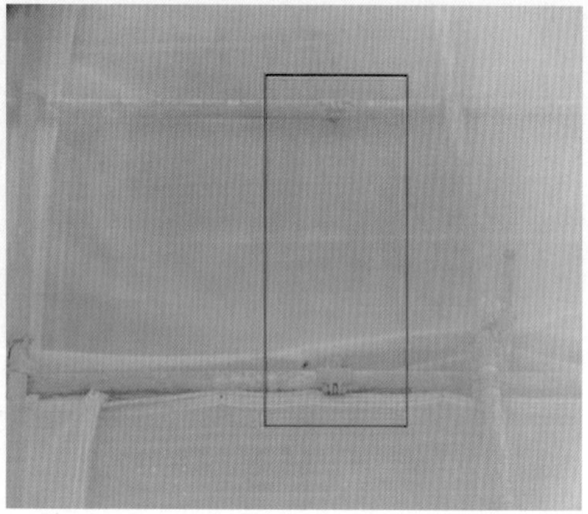脚手架上下搭接位置在同一立面</td><td> 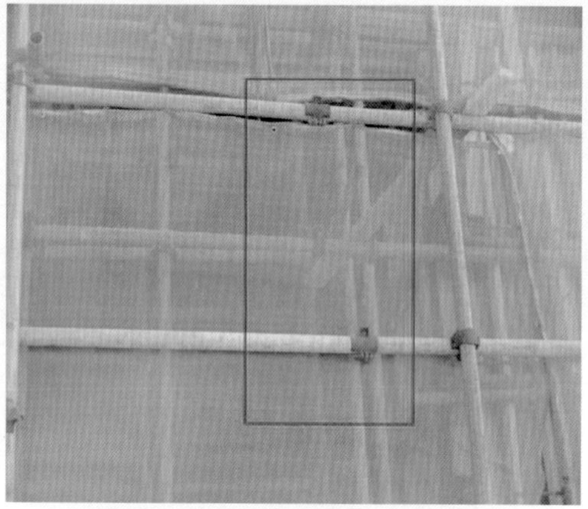脚手架上下搭接位置在同一立面</td></tr>
<tr><td> 脚手架上下搭接位置在同一立面</td><td> 脚手架上下搭接位置在同一立面</td></tr>
</table>

| 序号 | 标准内容及图例 | 典型违章图例 | |
|---|---|---|---|
| 3 | 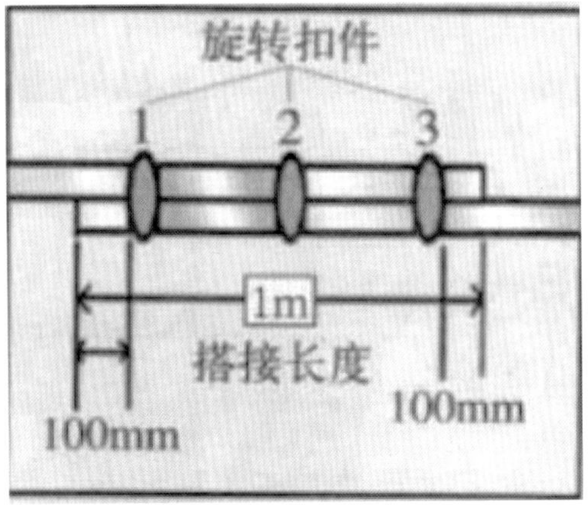 《国家电网公司电力安全工作规程（电网建设部分）（试行）》6.3.3.6 规定：纵向水平杆应用对接扣件接长，也可采用搭接，搭接长度不应小于 1m，应等间距设置 3 个旋转扣件固定 |  脚手架对接未扣紧 |  脚手架搭接不规范 |
| | |  脚手架横杆未搭接 |  脚手架对接未扣紧 |

<table>
<tr><th>序号</th><th>标准内容及图例</th><th colspan="2">典型违章图例</th></tr>
<tr><td rowspan="2">4</td><td rowspan="2"> 《国家电网公司电力安全工作规程（电网建设部分）（试行）》6.3.3.7 规定：双排脚手架应设置剪刀撑与横向斜撑，单排脚手架应设置剪刀撑</td><td> 脚手架剪刀撑搭接不符合要求</td><td> 脚手架剪刀撑搭接不符合要求</td></tr>
<tr><td> 脚手架剪刀撑搭接不符合要求</td><td> 脚手架剪刀撑搭接不符合要求</td></tr>
</table>

| 序号 | 标准内容及图例 | 典型违章图例 | |
|---|---|---|---|
| 5 |  《国家电网公司电力安全工作规程（电网建设部分）（试行）》6.3.3.9 规定：作业层、顶层和第一层脚手板应铺满、铺稳、铺实 |  作业层脚手板未铺满 |  作业层脚手板未铺满 |
| | |  作业层脚手板未铺满 |  作业层脚手板未铺满 |

<table>
<tr><th>序号</th><th>标准内容及图例</th><th colspan="2">典型违章图例</th></tr>
<tr><td rowspan="2">6</td><td rowspan="2"> 《国家电网公司电力安全工作规程（电网建设部分）（试行）》6.3.3.9 规定：作业层脚手板两端均应与支撑杆可靠固定</td><td> 脚手板端头未固定</td><td> 脚手板端头未固定</td></tr>
<tr><td> 脚手板端头未固定</td><td> 脚手板端头未固定</td></tr>
</table>

<table>
<tr><th>序号</th><th>标准内容及图例</th><th colspan="2">典型违章图例</th></tr>
<tr><td rowspan="2">7</td><td rowspan="2"> JGJ 130—2011《建筑施工扣件式钢管脚手架安全技术规范》5.1.1 规定：脚手架的承载能力应按概率极限状态设计法的要求，采用分项系数设计表达式进行设计</td><td> 脚手架上摆放施工材料</td><td> 脚手架上摆放施工材料</td></tr>
<tr><td> 脚手架上摆放施工材料</td><td> 脚手架上摆放施工材料</td></tr>
</table>

<table>
<tr><th>序号</th><th>标准内容及图例</th><th colspan="2">典型违章图例</th></tr>
<tr><td rowspan="2">8</td><td rowspan="2"> Q/GDW 1274—2015《变电工程落地式钢管脚手架施工安全技术规范》5.17 规定：杆件用直角、旋转扣件连接时，杆件自由端伸出扣件盖板边缘的距离应大于等于 100mm，小于等于 300mm，且同类扣接点杆件伸出扣件盖板边缘的距离宜统一</td><td> 脚手架端头露出长度不足</td><td> 脚手架端头露出长度不足</td></tr>
<tr><td> 脚手架端头露出长度不足</td><td> 脚手架端头露出长度不足</td></tr>
</table>

<table>
<tr><th>序号</th><th>标准内容及图例</th><th colspan="2">典型违章图例</th></tr>
<tr><td rowspan="2">9</td><td rowspan="2"> Q/GDW 1274—2015《变电工程落地式钢管脚手架施工安全技术规范》5.25 规定：作业层脚手板的施工荷载应符合方案或措施要求，不得超载</td><td> 作业层脚手板上摆放施工材料</td><td> 作业层脚手板上摆放施工材料</td></tr>
<tr><td> 作业层脚手板上杂物未清理</td><td> 作业层脚手板上摆放施工材料</td></tr>
</table>

| 序号 | 标准内容及图例 | 典型违章图例 | |
|---|---|---|---|
| 10 | Q/GDW 1274—2015《变电工程落地式钢管脚手架施工安全技术规范》6.10.3 规定：安全通道宽度宜为 3m，进深长度宜为 4m，设有针对性的安全标志牌等 | <br>现场未设置安全通道 | <br>安全通道缺少标识 |
| | | 现场未设置安全通道 | <br>安全通道搭设不规范 |

<table>
<tr><th>序号</th><th>标准内容及图例</th><th colspan="2">典型违章图例</th></tr>
<tr><td rowspan="2">11</td><td rowspan="2"> 《北京市建设工程施工现场安全生产标准化管理图集（2019 版）》第四章第五条规定：落地式脚手架采用密目式安全网沿外立杆内侧进行封闭，密目式安全立网之间必须连接牢固，封闭严密，并用专用绑绳与架体固定</td><td> 密目网破损</td><td> 密目网破损</td></tr>
<tr><td> 脚手架未设置密目网</td><td> 脚手架未设置密目网</td></tr>
</table>

# 第五章

# 施工机械

| 序号 | 标准内容及图例 | 典型违章图例 | |
|---|---|---|---|
| 1 |  《国家电网公司电力安全工作规程（电网建设部分）（试行）》4.5.12 规定：起重机械的各种监测仪表以及制动器、限位器、安全阀、闭锁机构等安全装置应完好齐全、灵敏可靠，不得随意调整或拆除 | 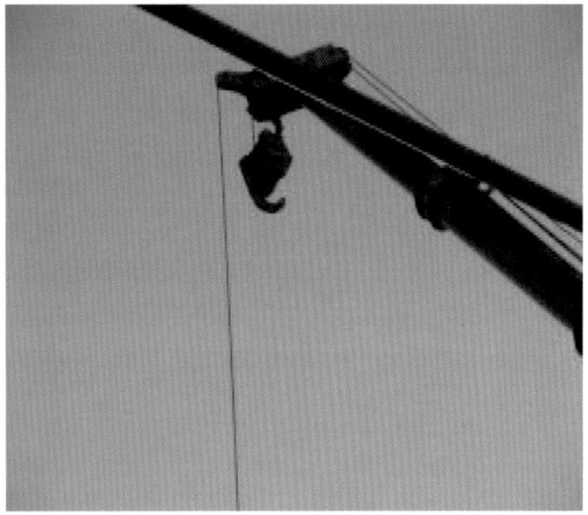 吊车缺少限位器 |  吊车缺少限位器 |
| | |  吊车缺少限位器 |  吊车缺少限位器 |

<table>
<tr><th>序号</th><th>标准内容及图例</th><th colspan="2">典型违章图例</th></tr>
<tr><td rowspan="2">2</td><td rowspan="2"> 《国家电网公司电力安全工作规程（电网建设部分）（试行）》4.5.15 规定：起重作业应划定作业区域并设置相应的安全标志，禁止无关人员进入</td><td> 吊车未设置作业区域</td><td> 吊车未设置作业区域</td></tr>
<tr><td> 吊车未设置作业区域</td><td> 吊车作业区域封闭不严</td></tr>
</table>

<table>
<tr><th>序号</th><th>标准内容及图例</th><th colspan="2">典型违章图例</th></tr>
<tr><td rowspan="2">3</td><td rowspan="2"> 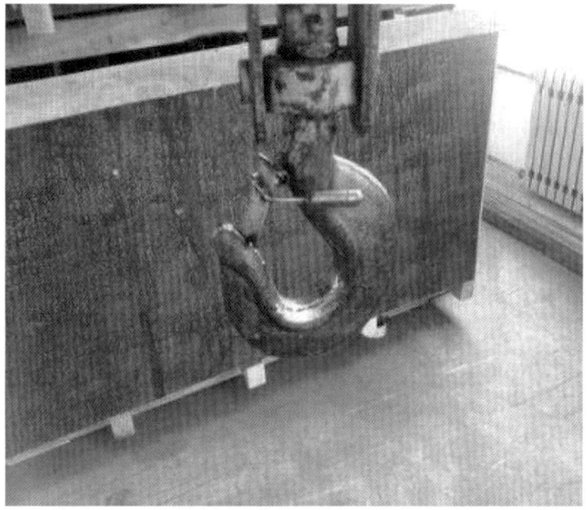《国家电网公司电力安全工作规程（电网建设部分）（试行）》4.5.18 规定：起吊物体应绑扎牢固，吊钩应有防止脱钩的保险装置</td><td> 缺少防脱钩装置</td><td> 缺少防脱钩装置</td></tr>
<tr><td> 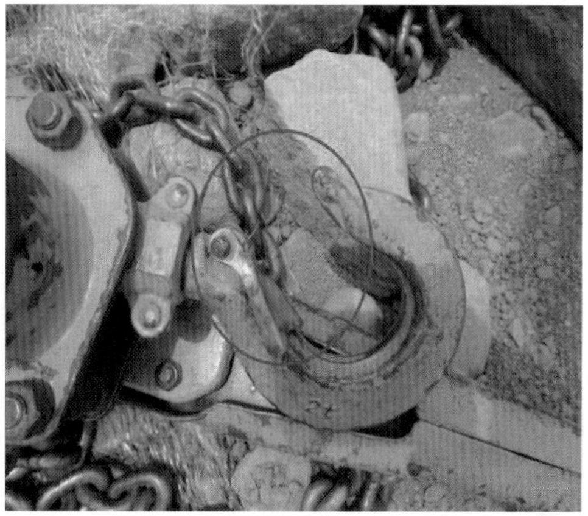防脱钩装置损坏</td><td> 防脱钩装置损坏</td></tr>
</table>

<table>
<tr><th>序号</th><th>标准内容及图例</th><th colspan="2">典型违章图例</th></tr>
<tr><td rowspan="2">4</td><td rowspan="2"> 《国家电网公司电力安全工作规程（电网建设部分）（试行）》5.1.2.2 规定：汽车式起重机作业前应支好全部支腿，支腿应加垫木</td><td> 吊车支腿未垫枕木</td><td> 枕木设置不稳固</td></tr>
<tr><td> 使用普通木板代替枕木</td><td> 吊车支腿未垫枕木</td></tr>
</table>

<table>
<tr><th>序号</th><th>标准内容及图例</th><th colspan="2">典型违章图例</th></tr>
<tr><td rowspan="2">5</td><td rowspan="2"> 《国家电网公司电力安全工作规程（电网建设部分）（试行）》5.2.1.3 规定：机械的安全防护装置及监测、指示、仪表、报警等自动报警、信号装置应完好齐全</td><td> 设备电箱门丢失</td><td> 设备电箱门掉落</td></tr>
<tr><td> 设备开关箱破旧</td><td> 设备电箱门掉落</td></tr>
</table>

<table>
<tr><th>序号</th><th>标准内容及图例</th><th colspan="2">典型违章图例</th></tr>
<tr><td rowspan="2">6</td><td rowspan="2"> 《国家电网公司电力安全工作规程（电网建设部分）（试行）》5.2.1.3 规定：机械的安全防护装置及监测、指示、仪表、报警等自动报警、信号装置应完好齐全</td><td> 锚喷机压力表损坏</td><td> 锚喷机压力表损坏</td></tr>
<tr><td> 锚喷机缺少压力表</td><td> 锚喷机压力表损坏</td></tr>
</table>

| 序号 | 标准内容及图例 | 典型违章图例 | |
|---|---|---|---|
| 7 |  《国家电网公司电力安全工作规程（电网建设部分）（试行）》5.2.1.9 规定：施工机械金属外壳应可靠接地 |  设备接地线脱落 |  设备接地线断开 |
| | |  设备接地线未连接 |  设备接地线断开 |

| 序号 | 标准内容及图例 | 典型违章图例 | |
|---|---|---|---|
| 8 |  《国家电网公司电力安全工作规程（电网建设部分）（试行）》5.2.20.1 规定：焊机应可靠接地，导线应绝缘良好 |  电焊机绝缘防护罩破损 | 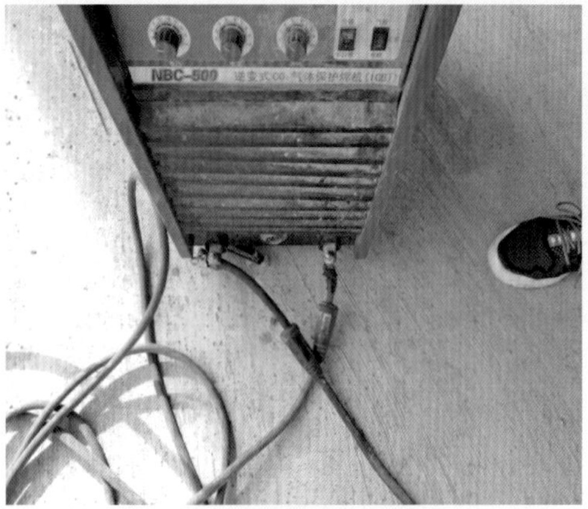 电焊机绝缘防护罩破损 |
| | | 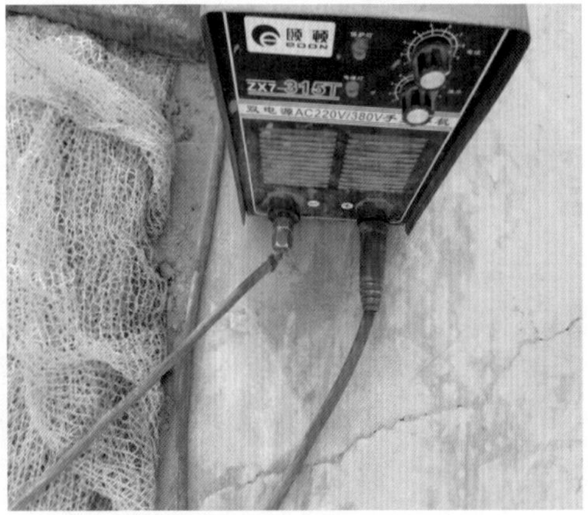 电焊机绝缘防护罩破损 | 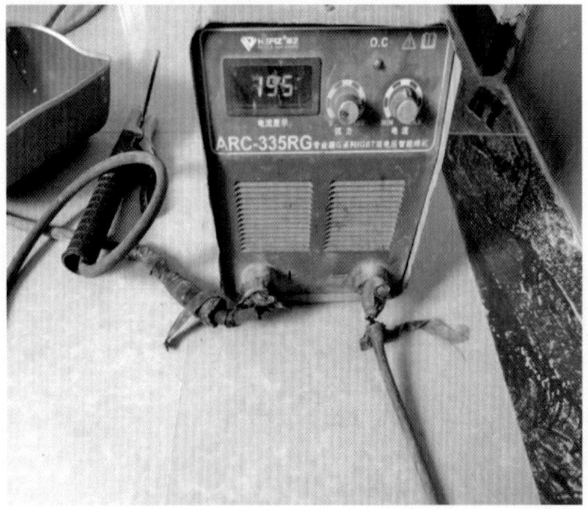 电焊机绝缘防护罩破损 |

| 序号 | 标准内容及图例 | 典型违章图例 | |
|---|---|---|---|
| 9 | 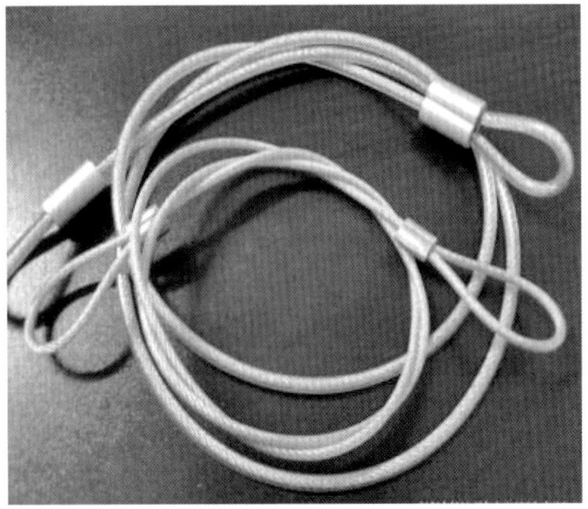 《国家电网公司电力安全工作规程（电网建设部分）（试行）》5.3.1.3.3 规定：钢丝绳出现绳芯损坏或绳股挤出、断裂、钢丝磨损达到一定程度以上等情况，应报废或截除 |  钢丝绳磨损严重 | 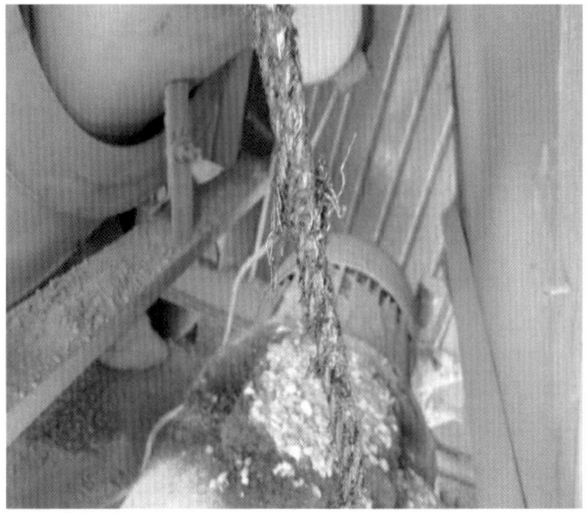 钢丝绳磨损严重 |
| | |  钢丝绳磨损严重 |  钢丝绳磨损严重 |

<table>
<tr><th>序号</th><th>标准内容及图例</th><th colspan="2">典型违章图例</th></tr>
<tr><td rowspan="2">10</td><td rowspan="2"> 《国家电网公司电力安全工作规程（电网建设部分）（试行）》5.3.1.3.4 规定：钢丝绳端部用绳卡固定连接时，绳卡压板应在钢丝绳主要受力的一边，并不得正反交叉设置</td><td> 绳卡安装方向不一致</td><td> 绳卡安装方向不一致</td></tr>
<tr><td> 钢丝绳端部未使用绳卡固定</td><td> 绳卡安装方向不一致</td></tr>
</table>

| 序号 | 标准内容及图例 | 典型违章图例 | |
|---|---|---|---|
| 11 |  《国家电网公司电力安全工作规程（电网建设部分）（试行）》5.3.2.3.2 规定：切割机加工工件时应夹持牢靠，禁止工件装夹不紧就开始切割 |  切割机未安装加紧件 |  切割机未安装加紧件 |
| | |  切割机未安装加紧件 | 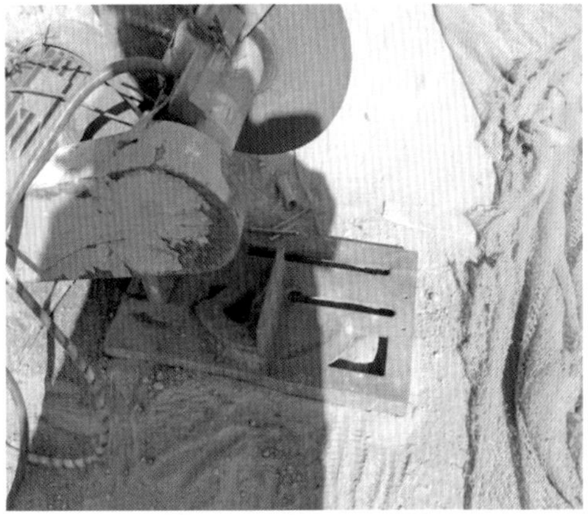 切割机未安装加紧件 |

| 序号 | 标准内容及图例 | 典型违章图例 | |
|---|---|---|---|
| 12 |  《国家电网公司电力安全工作规程（电网建设部分）（试行）》6.5.3.11 规定：使用的电动葫芦、吊笼等提土机械应安全可靠，并配有自动卡紧保险装置 |  电动葫芦未安装排绳器 | 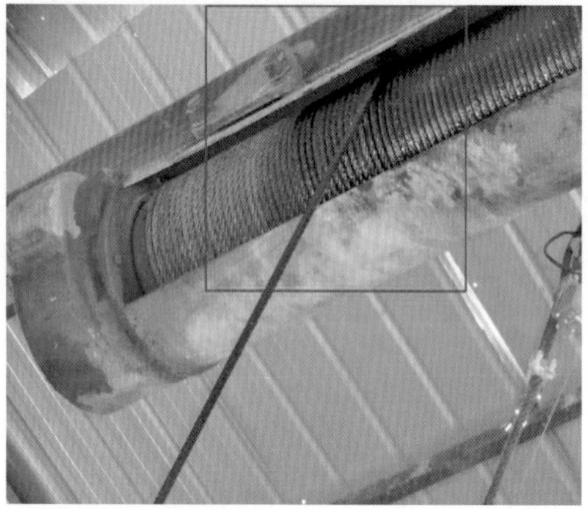 电动葫芦未安装排绳器 |
| | |  电动葫芦未安装排绳器 |  电动葫芦未安装排绳器 |

| 序号 | 标准内容及图例 | 典型违章图例 | |
|---|---|---|---|
| 13 |   《国家电网公司电力安全工作规程（变电部分）》16.2.1 规定：机器的转动部分应装有防护罩或其他防护设备，露出的轴端应设有护盖，以防绞卷衣服 |  机械传动部分缺少防护罩 |  机械传动部分防护罩掉落 |
| | |  电锯未加防护罩 |  电锯未加防护罩 |

<table>
<tr><th>序号</th><th>标准内容及图例</th><th colspan="2">典型违章图例</th></tr>
<tr><td rowspan="2">14</td><td rowspan="2"> 《国家电网公司电力安全工作规程（变电部分）》17.2.1.8 规定：在带电设备区域内使用汽车吊、斗臂车时，车身应使用不小于 16mm² 的软铜线可靠接地</td><td> 吊车接地装置未连接</td><td> 吊车接地装置未连接</td></tr>
<tr><td> 吊车接地装置未连接</td><td> 吊车接地装置未连接</td></tr>
</table>

<table>
<tr><th>序号</th><th>标准内容及图例</th><th colspan="2">典型违章图例</th></tr>
<tr><td rowspan="2">15</td><td rowspan="2"> 《北京市建设工程施工现场安全生产标准化管理图集（2019 版）》第八章第一条规定：塔式起重机预埋式基础周边设置围栏</td><td> 塔式起重机基础未设置围栏</td><td> 塔式起重机基础围栏封闭不严密</td></tr>
<tr><td> 塔式起重机基础周边堆放施工材料</td><td> 塔式起重机基础未设置围栏</td></tr>
</table>

# 第六章

# 线路工程及高处作业

<table>
<tr><th>序号</th><th>标准内容及图例</th><th colspan="2">典型违章图例</th></tr>
<tr><td rowspan="2">1</td><td rowspan="2"> 《国家电网公司电力安全工作规程（电网建设部分）（试行）》3.4.1 规定：现场材料堆放场地应平坦、不积水，应设置支垫，并做好防潮、防火措施</td><td> 现场材料码放未加垫木</td><td> 现场材料码放未加垫木，在水中浸泡</td></tr>
<tr><td> 现场材料码放未加垫木</td><td> 现场材料码放未加垫木</td></tr>
</table>

<table>
<tr><th>序号</th><th>标准内容及图例</th><th colspan="2">典型违章图例</th></tr>
<tr><td rowspan="2">2</td><td rowspan="2"> 《国家电网公司电力安全工作规程（电网建设部分）（试行）》4.1.1 规定：高处作业应设专责监护人</td><td> 高处作业缺少监护人</td><td> 高处作业缺少监护人</td></tr>
<tr><td> 高处作业监护人着装不规范</td><td> 高处作业缺少监护人</td></tr>
</table>

<table>
<tr><th>序号</th><th>标准内容及图例</th><th colspan="2">典型违章图例</th></tr>
<tr><td rowspan="2">3</td><td rowspan="2"> 《国家电网公司电力安全工作规程（电网建设部分）（试行）》4.1.4 规定：高处作业人员应衣着灵便，衣袖、裤脚应扎紧，穿软底防滑鞋，并正确佩戴个人防护用具</td><td> 施工人员未扎紧裤脚</td><td> 施工人员未扎紧裤脚</td></tr>
<tr><td> 施工人员未扎紧裤脚</td><td> 施工人员未扎紧裤脚</td></tr>
</table>

<table>
<tr><th>序号</th><th>标准内容及图例</th><th colspan="2">典型违章图例</th></tr>
<tr><td rowspan="2">4</td><td rowspan="2"> 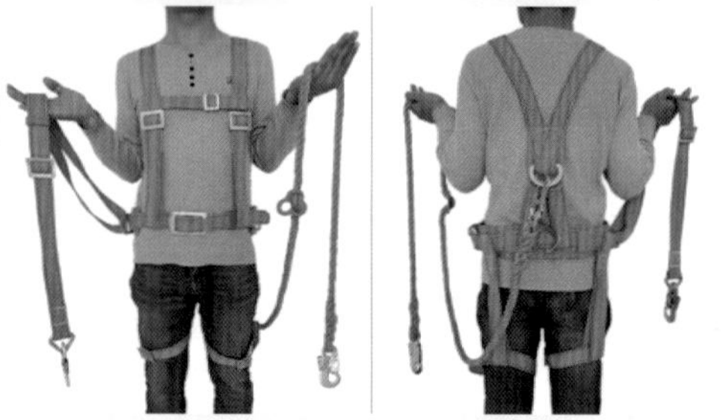《国家电网公司电力安全工作规程（电网建设部分）（试行）》4.1.5 规定：高处作业人员应正确使用合格有效的安全带，宜使用全方位防冲击安全带</td><td> 施工人员高处作业未使用安全带</td><td> 施工人员高处作业未使用安全带</td></tr>
<tr><td> 施工人员高处作业未使用安全带</td><td> 施工人员高处作业未使用安全带</td></tr>
</table>

<table>
<tr><th>序号</th><th>标准内容及图例</th><th colspan="2">典型违章图例</th></tr>
<tr><td rowspan="2">5</td><td rowspan="2"> 《国家电网公司电力安全工作规程（电网建设部分）（试行）》4.1.5 规定：安全带及后备防护设施应高挂低用，高处作业过程中，应随时检查安全带绑扎的牢靠情况</td><td> 安全带未高挂低用</td><td> 安全带未高挂低用</td></tr>
<tr><td> 安全带未高挂低用</td><td> 安全带未高挂低用</td></tr>
</table>

<table>
<tr><th>序号</th><th>标准内容及图例</th><th colspan="2">典型违章图例</th></tr>
<tr><td rowspan="2">6</td><td rowspan="2"> 《国家电网公司电力安全工作规程（电网建设部分）（试行）》5.1.1.8 规定：禁止起重臂跨越电力线进行作业</td><td> 施工机械与带线线路不满足安全距离</td><td> 施工机械与带线线路不满足安全距离</td></tr>
<tr><td> 施工机械与带线线路不满足安全距离</td><td> 施工机械与带线线路不满足安全距离</td></tr>
</table>

<table>
<tr><th>序号</th><th>标准内容及图例</th><th colspan="2">典型违章图例</th></tr>
<tr><td rowspan="2">7</td><td rowspan="2"> 《国家电网公司电力安全工作规程（电网建设部分）（试行）》5.3.1.3.4 规定：钢丝绳端部用绳卡固定连接时，绳卡压板应在钢丝绳主要受力的一边，并不得正反交叉设置</td><td> 钢丝绳卡方向不一致</td><td> 钢丝绳卡方向不一致</td></tr>
<tr><td> 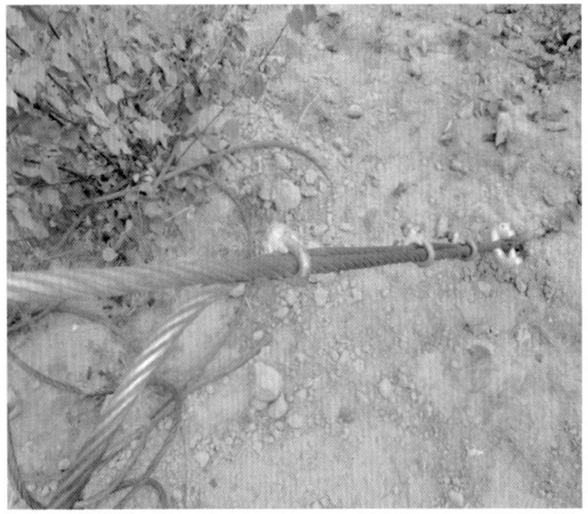绳卡压板未卡在绳索受力一侧</td><td> 绳卡数量不足</td></tr>
</table>

<table>
<tr><th>序号</th><th>标准内容及图例</th><th colspan="2">典型违章图例</th></tr>
<tr><td rowspan="2">8</td><td rowspan="2"> 《国家电网公司电力安全工作规程（电网建设部分）（试行）》5.4.3.1.3 规定：绝缘杆应清洁、光滑，绝缘部分应无气泡、皱纹、裂纹、划痕、硬伤、绝缘层脱落、严重的机械或电灼伤痕</td><td> 绝缘杆在现场随意摆放</td><td> 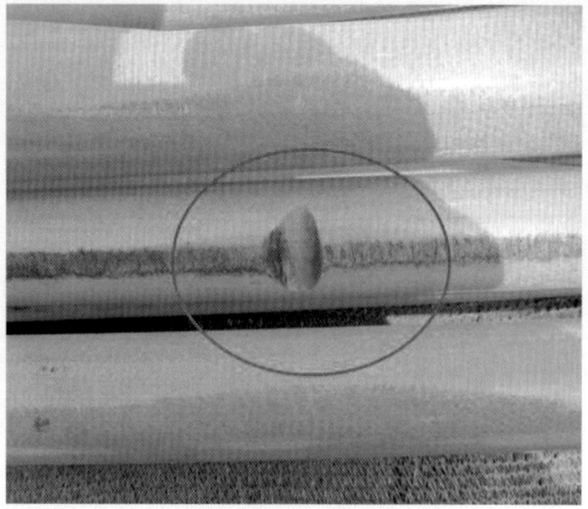绝缘杆损坏</td></tr>
<tr><td> 绝缘杆在现场随意摆放</td><td> 绝缘杆在现场随意摆放</td></tr>
</table>

<table>
<tr><th>序号</th><th>标准内容及图例</th><th colspan="2">典型违章图例</th></tr>
<tr><td rowspan="2">9</td><td rowspan="2"> 《国家电网公司电力安全工作规程（电网建设部分）（试行）》5.4.4.1.5 规定：梯子应放置稳固，梯脚要有防滑装置</td><td>北京<br>21°F<br>2019/1/19<br>现场使用梯子缺少防滑措施</td><td> 现场未使用合格梯子</td></tr>
<tr><td> 现场使用梯子缺少防滑措施</td><td> 现场未使用合格绝缘梯</td></tr>
</table>

<table>
<tr><th>序号</th><th>标准内容及图例</th><th colspan="2">典型违章图例</th></tr>
<tr><td rowspan="2">10</td><td rowspan="2"> 《国家电网公司电力安全工作规程（电网建设部分）（试行）》9.1.3 规定：组塔作业区域应设置提示遮栏等明显安全警示标志，非作业人员不得进入作业区</td><td> 施工现场未设置警戒围栏</td><td> 施工现场未设置警戒围栏</td></tr>
<tr><td> 施工现场未设置警戒围栏</td><td> 施工现场未设置警戒围栏</td></tr>
</table>

| 序号 | 标准内容及图例 | 典型违章图例 | |
|---|---|---|---|
| 11 | 《国家电网公司电力安全工作规程（电网建设部分）（试行）》9.1.6 规定：地锚埋设应设专人检查验收，回填土层应逐层夯实 | 地锚未验收 | 地锚未验收 |
| | | 地锚验收牌不合格 | 地锚未验收 |

| 序号 | 标准内容及图例 | 典型违章图例 | |
|---|---|---|---|
| 12 |  《国家电网公司电力安全工作规程（电网建设部分）（试行）》9.1.8 规定：组塔过程中钢丝绳与金属构件绑扎处，应衬垫软物 |  钢丝绳与铁塔基础固定未采取防磨损保护措施 |  钢丝绳与铁塔基础固定未采取防磨损保护措施 |
| | |  钢丝绳与铁塔基础固定未采取防磨损保护措施 | 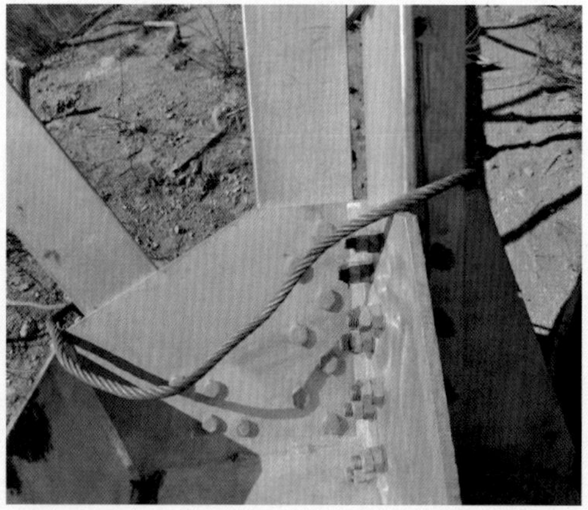 钢丝绳与铁塔基础固定未采取防磨损保护措施 |

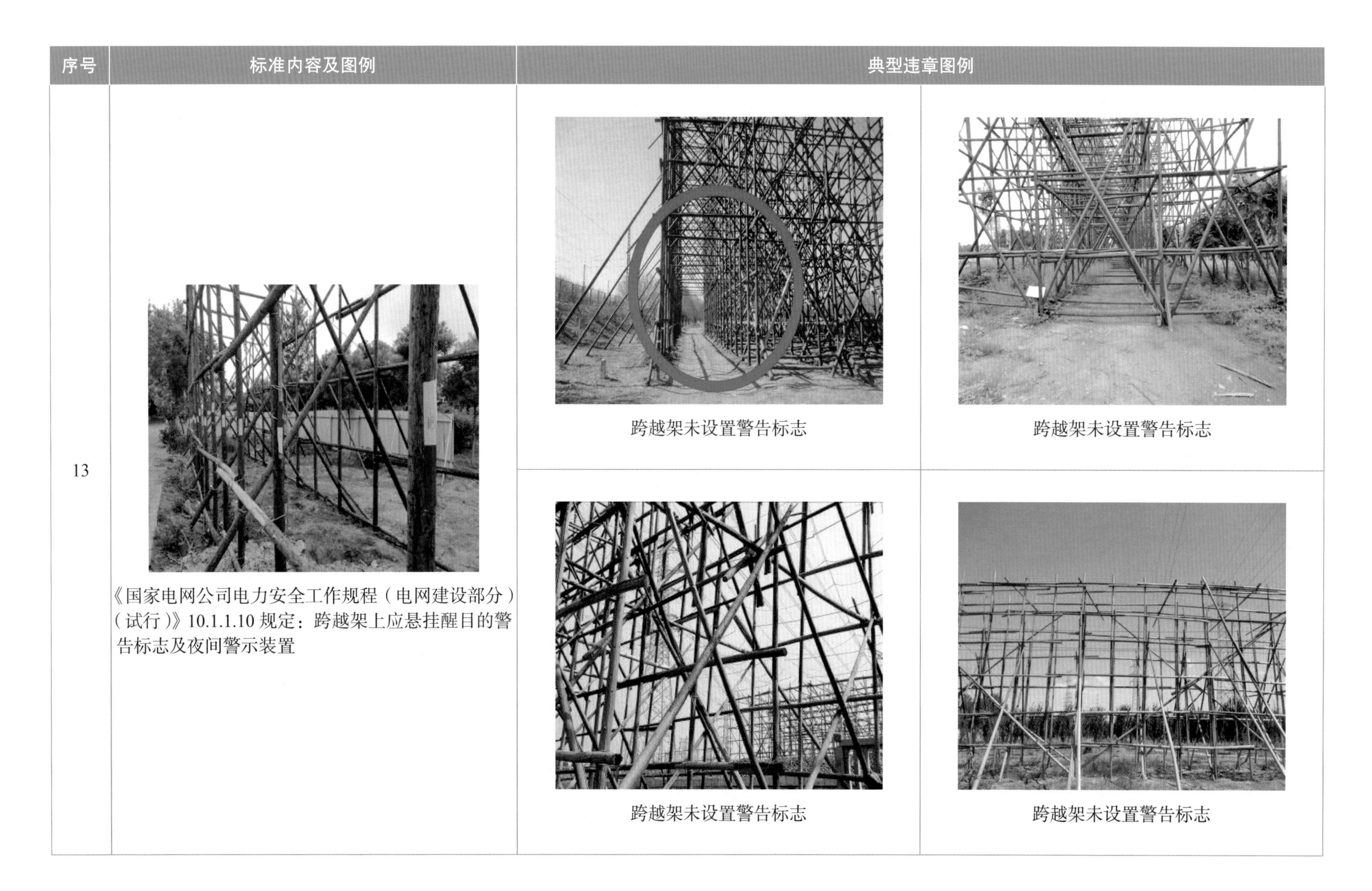

| 序号 | 标准内容及图例 | 典型违章图例 | |
|---|---|---|---|
| 13 | 《国家电网公司电力安全工作规程（电网建设部分）（试行）》10.1.1.10 规定：跨越架上应悬挂醒目的警告标志及夜间警示装置 | 跨越架未设置警告标志 | 跨越架未设置警告标志 |
| | | 跨越架未设置警告标志 | 跨越架未设置警告标志 |

| 序号 | 标准内容及图例 | 典型违章图例 | |
|---|---|---|---|
| 14 |  《国家电网公司电力安全工作规程（电网建设部分）（试行）》10.1.1.11 规定：跨越架应经监理及使用单位验收合格后方可使用 |  跨越架验收牌不规范 |  跨越架缺少验收牌 |
| | |  跨越架缺少验收牌 |  跨越架缺少验收牌 |

<table>
<tr><th>序号</th><th>标准内容及图例</th><th colspan="2">典型违章图例</th></tr>
<tr><td rowspan="2">15</td><td rowspan="2"> 《国家电网公司电力安全工作规程（电网建设部分）（试行）》10.1.3 规定：绝缘绳使用前应进行外观检查，有严重磨损、断股、污秽及受潮时不得使用</td><td> 绝缘绳已损坏</td><td> 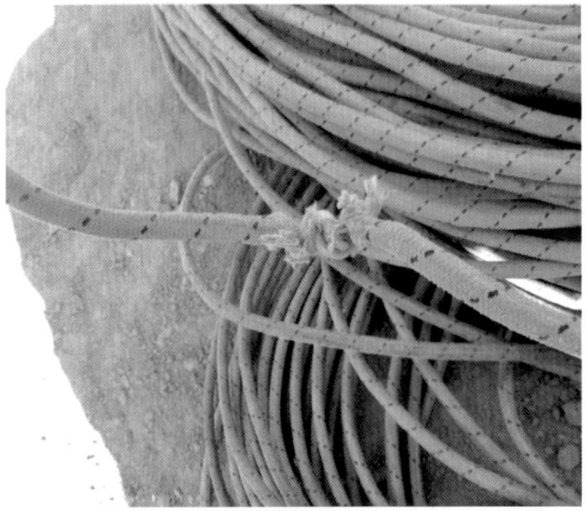绝缘绳已损坏</td></tr>
<tr><td> 绝缘绳已损坏</td><td> 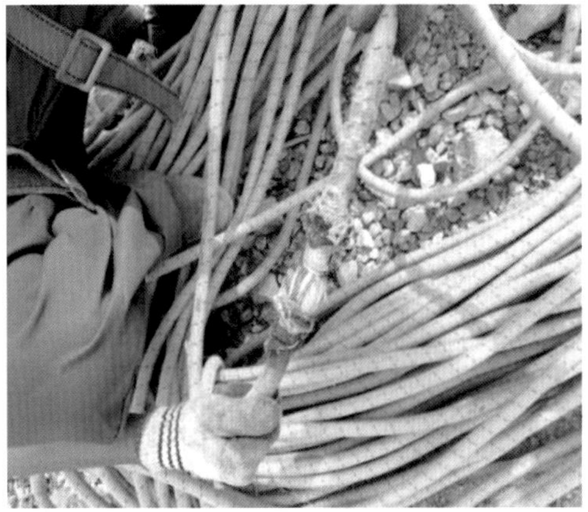绝缘绳已损坏</td></tr>
</table>

<table>
<tr><th>序号</th><th>标准内容及图例</th><th colspan="2">典型违章图例</th></tr>
<tr><td rowspan="2">16</td><td rowspan="2"> 《国家电网公司电力安全工作规程（电网建设部分）（试行）》10.1.4 规定：跨越架搭设绑扎应牢固，绑扣不得少于 3 道；搭接长度不得小于 1.5m；应先绑 2 根，再绑第 3 根，不得一扣绑 3 根</td><td> 跨越架端头露出长度不足</td><td> 跨越架一扣绑多根立杆</td></tr>
<tr><td> 跨越架部分位置未绑扎</td><td> 跨越架部分位置绑扎不牢固</td></tr>
</table>

<table>
<tr><th>序号</th><th>标准内容及图例</th><th colspan="2">典型违章图例</th></tr>
<tr><td rowspan="2">17</td><td rowspan="2">  《国家电网公司电力安全工作规程（电网建设部分）（试行）》10.6.1 规定：杆塔的部件应齐全，螺栓应紧固</td><td> 铁塔接地螺栓未安装齐全 </td><td> 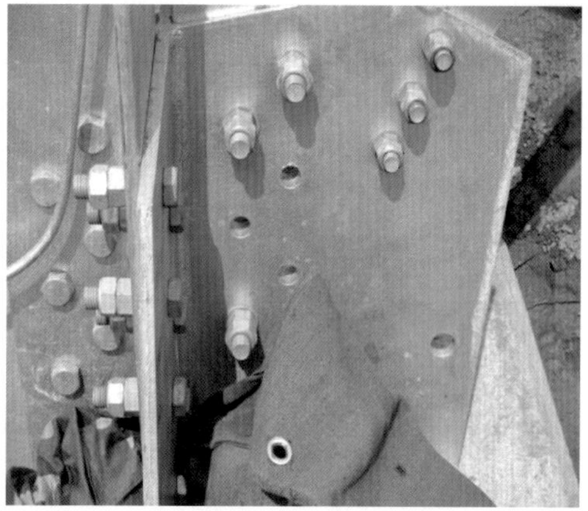部分螺栓未安装 </td></tr>
<tr><td>螺栓紧固不到位</td><td>螺栓长度不足未更换</td></tr>
</table>

<table>
<tr><th>序号</th><th>标准内容及图例</th><th colspan="2">典型违章图例</th></tr>
<tr><td rowspan="2">18</td><td rowspan="2"> 《国家电网公司电力安全工作规程（变电部分）》第三章第三十一条规定：施工现场应尽力保持地表原貌，防止发生环境影响事件，做到“工完、料尽、场地清”</td><td> 现场垃圾未及时清理</td><td> 现场垃圾未及时清理</td></tr>
<tr><td> 现场废旧材料未及时撤场</td><td> 现场垃圾未及时清理</td></tr>
</table>

| 序号 | 标准内容及图例 | 典型违章图例 | |
|---|---|---|---|
| 19 |  《国家电网有限公司输变电工程安全文明施工标准化管理办法》附件2第二章第二节第二条规定：高处作业人员垂直攀登过程中应正确使用攀登自锁器 |  未使用攀登自锁器 |  未使用攀登自锁器 |
| | |  未使用攀登自锁器 |  未使用攀登自锁器 |

<table>
<tr><th>序号</th><th>标准内容及图例</th><th colspan="2">典型违章图例</th></tr>
<tr><td rowspan="2">20</td><td rowspan="2"> 《国家电网有限公司输变电工程安全文明施工标准化管理办法》附件 2 第二章第二节第三条规定：杆塔高处作业短距离移动时应使用速差自控器</td><td> 未使用速差自控器</td><td> 未使用安全带及速差自控器</td></tr>
<tr><td> 未使用速差自控器</td><td> 未使用速差自控器</td></tr>
</table>

| 序号 | 标准内容及图例 | 典型违章图例 | |
|---|---|---|---|
| 21 | 《国家电网有限公司输变电工程安全文明施工标准化管理办法》附件2第二章第四节规定：监理、施工项目部应张挂“三级及以上施工现场风险管控公示牌” | <br>现场作业未设置风险公示牌 | <br>现场作业未设置风险公示牌 |
| | | <br>现场作业未设置风险公示牌 | <br>现场作业未设置风险公示牌 |

| 序号 | 标准内容及图例 | 典型违章图例 | |
|---|---|---|---|
| 22 |  《国家电网有限公司输变电工程安全文明施工标准化管理办法》附件 2 第六章第二节第三条规定：施工机具、材料应分类放置整齐，并做到标识规范、铺垫隔离 |  施工材料摆放混乱 |  施工材料摆放混乱 |
| | |  施工材料摆放混乱 |  施工材料摆放混乱 |

<table>
<tr><th>序号</th><th>标准内容及图例</th><th colspan="2">典型违章图例</th></tr>
<tr><td rowspan="2">23</td><td rowspan="2"> GB 6722—2011《爆破安全规程》11.4.5 规定：爆破作业应按爆破设计进行防护和覆盖，起爆前应检查防护和覆盖措施，对不合格的防护和覆盖提出处理措施</td><td> 爆破覆盖不到位，未预留排气孔</td><td> 爆破装药作业区域未设置警戒围栏</td></tr>
<tr><td> 炮被上覆盖物较少，不满足安全需求</td><td> 爆破装药作业区域未设置警戒围栏</td></tr>
</table>

| 序号 | 标准内容及图例 | 典型违章图例 | |
|---|---|---|---|
| 24 |  GB 19155—2017《高处作业吊篮》9.1.1 规定：吊篮的操作系统、上限位装置、提升机、手动滑降装置、安全锁动作等均应灵活、安全可靠方可使用 |  作业吊篮安全性能不符合要求 |  作业吊篮安全性能不符合要求 |
| | |  作业吊篮四周缺少挡板 |  作业吊篮安全性能不符合要求 |

| 序号 | 标准内容及图例 | 典型违章图例 | |
|---|---|---|---|
| 25 |  《住房和城乡建设部办公厅关于进一步加强施工工地和道路扬尘管控工作的通知》（建办质〔2019〕23号）第三项第四条规定：现场裸露的场地和堆放的土方应采取覆盖、固化或绿化等措施 |  土方未苫盖 |  土方苫盖不到位 |
| | |  土方未苫盖 |  土方苫盖不到位 |

| 序号 | 标准内容及图例 | 典型违章图例 | |
|---|---|---|---|
| 26 |  北京市电力公司建议：基建工程所有临近带电设备施工要安装立体安防装置，距离应符合《国家电网公司电力安全工作规程》规定 |  立体安防设备位置距作业地点过远 |  临近带电组塔未设置立体安防设备 |
| | |  临近带电组塔未设置立体安防设备 |  立体安防设备损坏 |

<table>
<tr><th>序号</th><th>标准内容及图例</th><th colspan="2">典型违章图例</th></tr>
<tr><td rowspan="2">27</td><td rowspan="2"> 北京市电力公司建议：起重机械临近电作业施工应安装近电报警设备</td><td> 未安装近电报警装置</td><td> 未安装近电报警装置</td></tr>
<tr><td> 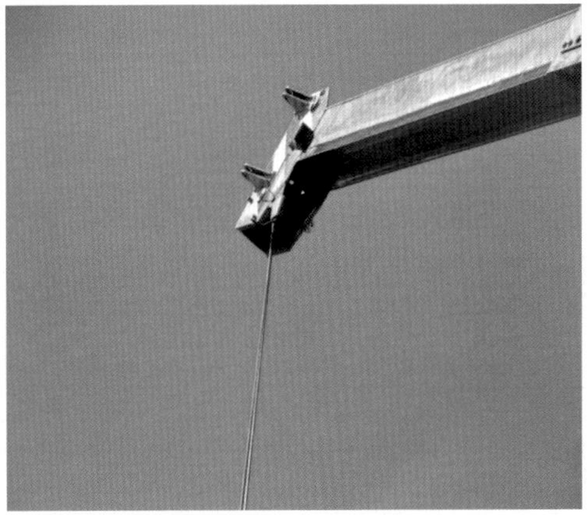未安装近电报警装置</td><td> 未安装近电报警装置</td></tr>
</table>

# 第七章

# 有限空间作业

| 序号 | 标准内容及图例 | 典型违章图例 | |
| --- | --- | --- | --- |
| 1 |  《国家电网公司电力安全工作规程（电网建设部分）（试行）》3.5.4.23 规定：在光线不足的作业场所及夜间作业的场所均应有足够的照明 |  隧道内照明不足 |  隧道内照明不足 |
| | |  电缆夹层内照明不足 |  隧道内照明不足 |

<table>
<tr><th>序号</th><th>标准内容及图例</th><th colspan="2">典型违章图例</th></tr>
<tr><td rowspan="2">2</td><td rowspan="2"> 《国家电网公司电力安全工作规程（电网建设部分）（试行）》4.3.1 规定：进入井、箱、柜、深坑、隧道、电缆夹层内等有限空间作业，应在作业入口处设专责监护人</td><td> 监护人未穿黄马甲</td><td> 监护人未穿黄马甲</td></tr>
<tr><td> 监护人未穿黄马甲</td><td> 监护人未戴安全帽</td></tr>
</table>

<table>
<tr><th>序号</th><th>标准内容及图例</th><th colspan="2">典型违章图例</th></tr>
<tr><td rowspan="2">3</td><td rowspan="2"> 《国家电网公司电力安全工作规程（电网建设部分）（试行）》4.3.2 规定：有限空间出入口应保持畅通，并设置明显的安全警示标志</td><td> 有限空间入口围栏搭设不合格</td><td> 竖井通道门掉落</td></tr>
<tr><td> 有限空间入口围栏搭设不合格</td><td> 有限空间作业信息公示牌填写不全</td></tr>
</table>

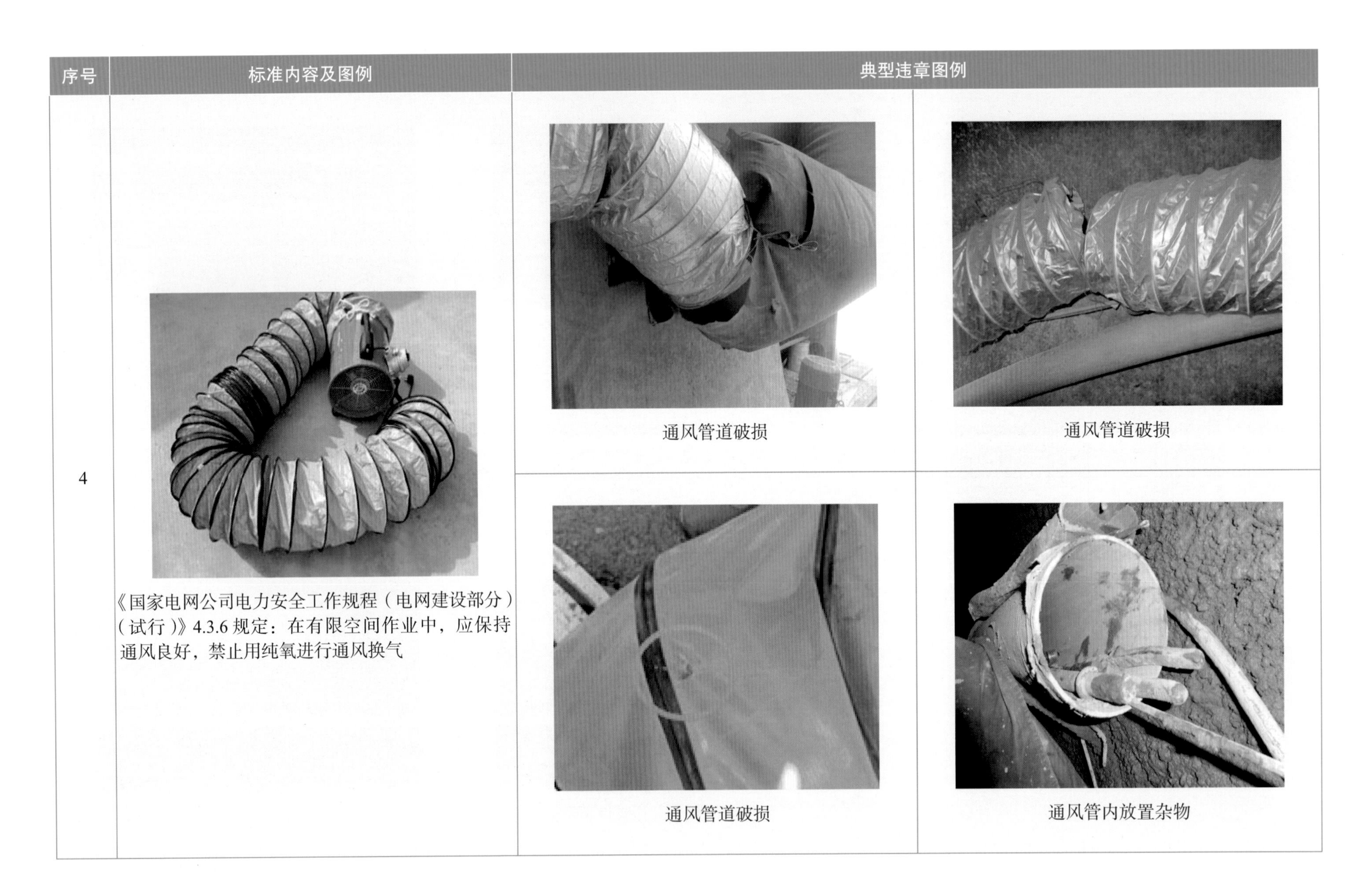

| 序号 | 标准内容及图例 | 典型违章图例 | |
| --- | --- | --- | --- |
| 4 | 《国家电网公司电力安全工作规程（电网建设部分）（试行）》4.3.6 规定：在有限空间作业中，应保持通风良好，禁止用纯氧进行通风换气 | 通风管道破损 | 通风管道破损 |
| | | 通风管道破损 | 通风管内放置杂物 |

<table>
<tr><th>序号</th><th>标准内容及图例</th><th colspan="2">典型违章图例</th></tr>
<tr><td rowspan="2">5</td><td rowspan="2">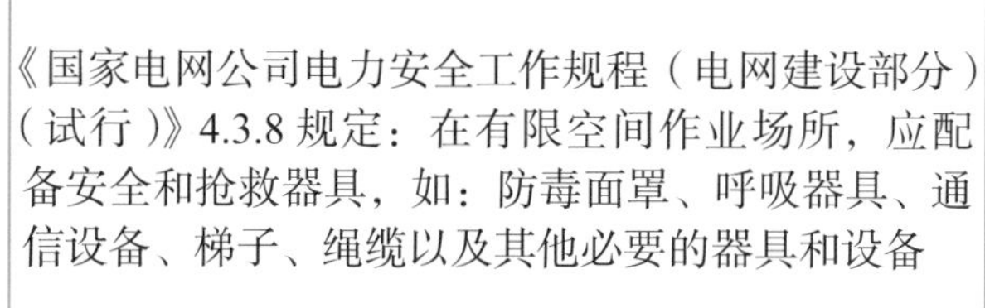<br>《国家电网公司电力安全工作规程（电网建设部分）（试行）》4.3.8 规定：在有限空间作业场所，应配备安全和抢救器具，如：防毒面罩、呼吸器具、通信设备、梯子、绳缆以及其他必要的器具和设备</td><td><br>有限空间作业人员未配备逃生呼吸器</td><td><br>有限空间作业人员未配备逃生呼吸器</td></tr>
<tr><td><br>有限空间作业人员未配备逃生呼吸器</td><td><br>有限空间作业人员未配备逃生呼吸器</td></tr>
</table>

<table>
<tr><th>序号</th><th>标准内容及图例</th><th colspan="2">典型违章图例</th></tr>
<tr><td rowspan="2">6</td><td rowspan="2"> 《国家电网公司电力安全工作规程（电网建设部分）（试行）》4.3.8 规定：在有限空间作业场所，应配备安全和抢救器具，如：防毒面罩、呼吸器具、通信设备、梯子、绳缆以及其他必要的器具和设备</td><td> 电源线搭在爬梯上</td><td> 爬梯固定措施不到位</td></tr>
<tr><td> 爬梯与井口间缺少防磨措施</td><td> 井口处缺少爬梯</td></tr>
</table>

<table>
<tr><th>序号</th><th>标准内容及图例</th><th colspan="2">典型违章图例</th></tr>
<tr><td rowspan="2">7</td><td rowspan="2"> 《国家电网公司电力安全工作规程（电网建设部分）（试行）》5.2.22.4 规定：物料提升机应设有安全保险装置和过卷扬限制器</td><td> 现场未使用电动提升装置</td><td> 提升机底座设置不平稳</td></tr>
<tr><td> 提升机配重设置不足</td><td> 提升装置缺少限位器</td></tr>
</table>

<table>
<tr><th>序号</th><th>标准内容及图例</th><th colspan="2">典型违章图例</th></tr>
<tr><td rowspan="2">8</td><td rowspan="2"> 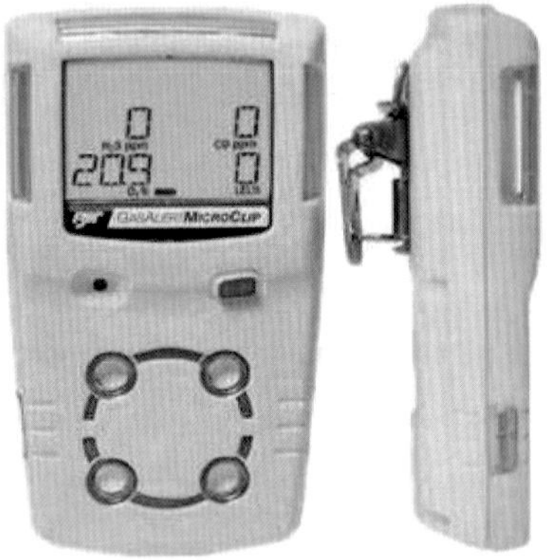DB 11 /852.1—2012《地下有限空间作业安全技术规范》6.5.4 规定：气体检测设备应定期进行检定，检定合格后方可使用</td><td> 气体监测设备电量不足</td><td> 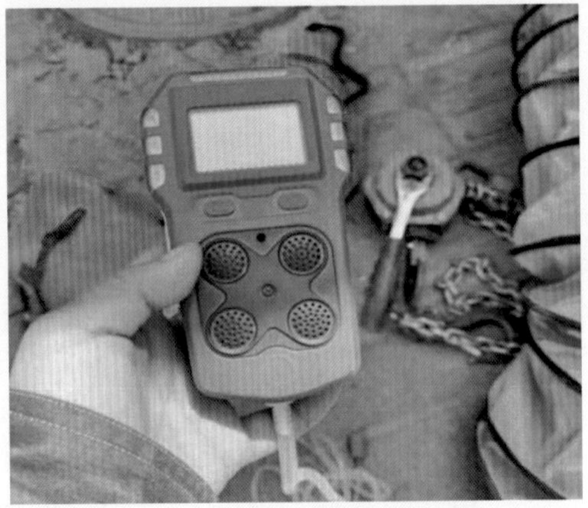气体监测设备电量不足</td></tr>
<tr><td> 气体监测设备未开机</td><td> 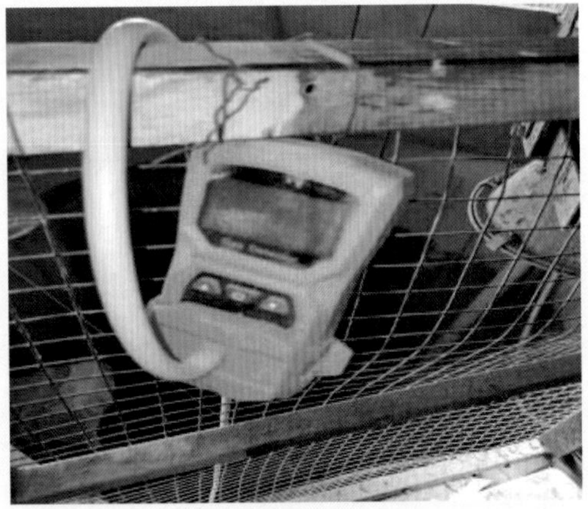气体监测设备未开机</td></tr>
</table>

<table>
<tr><th>序号</th><th>标准内容及图例</th><th colspan="2">典型违章图例</th></tr>
<tr><td rowspan="2">9</td><td rowspan="2"> 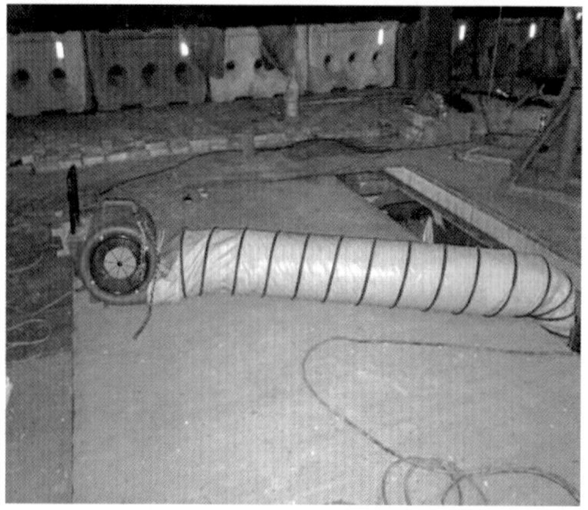 DB11/852.1—2012《地下有限空间作业安全技术规范》6.7.2 规定：采用移动机械通风设备时，风管出风口应放置在作业面，保证有限通风</td><td> 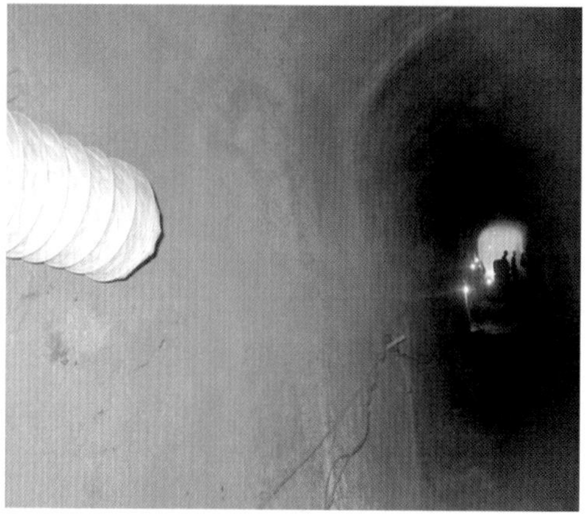通风管道未到达作业面</td><td> 线路基坑作业未采取通风措施</td></tr>
<tr><td> 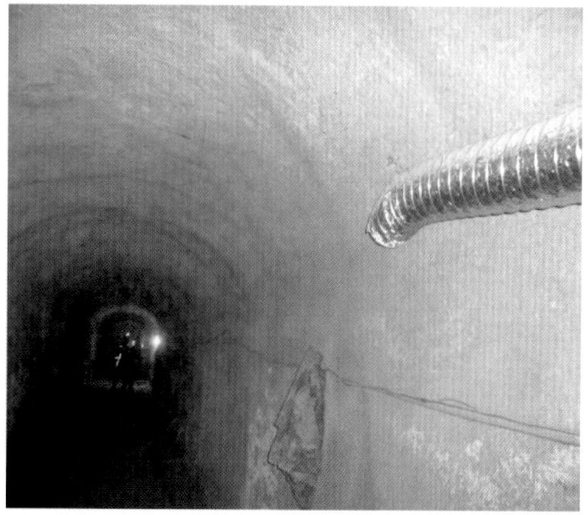通风管道未到达作业面</td><td> 有限空间作业未采取通风措施</td></tr>
</table>

| 序号 | 标准内容及图例 | 典型违章图例 | |
|---|---|---|---|
| 10 |  DB11/852.1—2012《地下有限空间作业安全技术规范　第1部分：通则》6.10.3规定：作业者应佩戴全身式安全带、安全绳、安全帽等防护用品 |  作业人员未使用全身式安全带 |  作业人员未使用全身式安全带 |
| | |  作业人员未使用全身式安全带 |  安全带不符合要求 |

<table>
<tr><th>序号</th><th>标准内容及图例</th><th colspan="2">典型违章图例</th></tr>
<tr><td rowspan="2">11</td><td rowspan="2"> 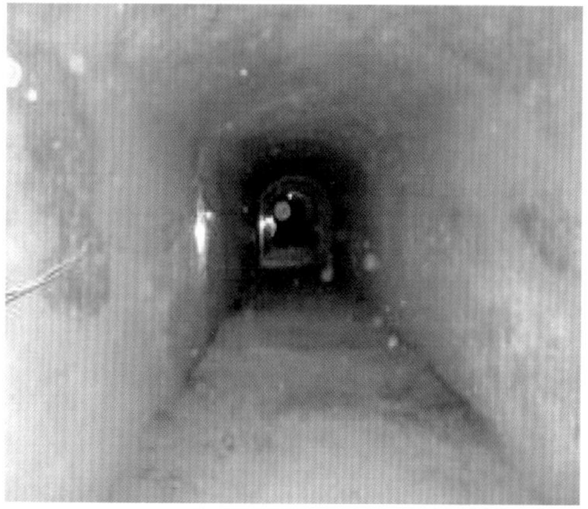DB11/852.1—2012《地下有限空间作业安全技术规范　第1部分：通则》7.3.1规定：作业完成后，作业者应将全部作业设备和工具带离地下有限空间</td><td> 隧道内杂物较多，未清理</td><td> 隧道内杂物较多，未清理</td></tr>
<tr><td> 隧道内杂物较多，未清理</td><td> 隧道内杂物较多，未清理</td></tr>
</table>

# 第八章

# 防　汛

<table>
<tr><th>序号</th><th>标准内容及图例</th><th colspan="2">典型违章图例</th></tr>
<tr><td rowspan="2">1</td><td rowspan="2"> 《国家电网公司电力安全工作规程（电网建设部分）（试行）》3.5.4.4 规定：配电箱设置地点应平整，不得被水淹或土埋，并应防止碰撞和被物体打击</td><td> 配电箱未设置防雨措施，箱内存在淤泥</td><td> 电源线在水中浸泡</td></tr>
<tr><td> 电源线在水中浸泡</td><td> 配电箱附近有积水</td></tr>
</table>

| 序号 | 标准内容及图例 | 典型违章图例 | |
|---|---|---|---|
| 2 |  《国家电网公司电力安全工作规程（电网建设部分）（试行）》4.8.1.3 规定：雨季前应做好防风、防雨、防洪等应急处置方案。现场排水系统应整修畅通，必要时应筑防汛堤 |  基坑内有积水 |  脚手架底部排水措施不完善 |
| | |  地下室有积水 |  主厂房积水未排出 |

| 序号 | 标准内容及图例 | 典型违章图例 | |
|---|---|---|---|
| 3 | <br>《国家电网公司电力安全工作规程（电网建设部分）（试行）》4.8.1.5 规定：台风和汛期到来之前，施工现场和生活区的临建设施以及高架机械均应进行修缮和加固，准备充足的防汛器材 | <br>防汛物资不齐全 | <br><br>防汛物资未设置专用架子摆放 |
| | | <br>防汛物资摆放不整齐 | <br><br>防汛物资不齐全 |

<table>
<tr><th>序号</th><th>标准内容及图例</th><th colspan="2">典型违章图例</th></tr>
<tr><td rowspan="2">4</td><td rowspan="2"> 《北京市建设工程施工现场安全生产标准化管理图集（2019 版）》第六章第二条规定：基坑边沿周围地面应设防渗漏排水沟或挡水台，挡水台不低于150mm</td><td> 基坑围栏缺少挡水措施</td><td> 挡水墙设置不符合要求</td></tr>
<tr><td> 基坑围栏缺少挡水措施</td><td> 基坑挡水墙破损</td></tr>
</table>